ちくま文庫

したたかな植物たち

あの手この手の㊙大作戦

【秋冬篇】

多田多恵子

筑摩書房

したたかな植物たち　あの手この手の㊙大作戦　秋冬篇　目次

したたかな植物たち

あの手この手の㊙大作戦

秋冬篇

イラスト　江口あけみ

ヒガンバナの汚名

秋の彼岸の頃、忽然と現れて燃えさかる妖艶な花。
曼殊沙華と讃えられる一方で、有毒ゆえの不吉な名も多い。
ヒガンバナに対する誤解と偏見を検証する。

神出鬼没の不思議な花

秋の彼岸の頃に忽然と現れて真っ赤に燃え立つと思えば、ふいと姿を消すヒガンバナ。美しい花だが、花だけで葉が見当たらないのも奇妙に思え、全体に毒をもつというのも恐ろしい。毒を内に秘めた、まさに魔性の花である。

ヒガンバナ科の球根植物。中国原産で、有用植物として日本に伝わった。人里

高麗川の堤に約500万本のヒガンバナが乱舞する。

近くに見られ、秋の訪れとともに川の土手や田の畦(あぜ)、墓地などでいっせいに咲く。秋の里を赤く染めて咲き群れる光景は燃え立つように妖しく美しく、埼玉県日高市の巾着田(きんちゃくだ)など、各地の群生地は今では観光名所となっている。

　彼岸の時期に合わせて咲くことから、亡くなった人の魂のよみがえりであると考えて「死人花(しびとばな)」、仏典に伝わる赤い花の名から「曼珠沙華(まんじゅしゃげ)」と呼ぶこともある。

　華麗な花である。すっくと伸びた茎の頂に集まって咲く花の花びらはくるりと反り返り、雄しべは絶妙な弧を描いて天を指す。赤い花はアゲハチョウの仲間の色覚を刺激し、優美なアゲハチョウが舞い降りる。長い雄しべや雌しべはアゲハチョウの羽にちょうど触れるようにできている。

　よく見ると雄しべの葯(やく)はＴの字の形をしている。これもアゲハチョウへの適応だ。同じくＴの形をしたモップが床をこするように、葯もアゲハチョウの羽の平面をこすって花粉をなすりつける。

　葉は花の時期にはなく、花が終わると伸びてきて、九月末から翌五月ごろまで濃い緑に茂る。ほかの草が枯れる時期を選んで葉を広げることで、光を独占し、たっぷりとデンプンを球根に蓄えることができる。

花は咲いても実はできない

日本では普通、花は咲いても実はできない。中国から伝来したのが**3倍体**、つまり**有性生殖**ができず、実も種子もできない系統だったからだ。ごくまれに、花後に実がふくらんで黒い種子ができることがあるが、まいても発芽の前後には腐ってしまい、次世代が育つことはない。

繁殖は球根が分かれて増えることによるが、新しい球根は親株のすぐわきにつくられて広がらず、みずからは移動能力がない。ということは、現在、各地に見られる3倍体ヒガンバナの野生状態は、かつて人が積極的に移植した結果ということになる。

ヒガンバナは人々の暮らしに寄り添う大切な有用植物だったのだ。花の美しさをはじめ、さまざまな面から有用だったが、最大の用途は、恐ろしい飢饉に備える**救荒植物**(きゅうこうしょくぶつ)としてである。人々は飢饉(ききん)の際に、畦に植えてあったヒガンバナの

カラスアゲハが訪れた。雄しべが羽の裏にそっと触れる。

ナミアゲハも飛んできた。ストロー状の細い口で蜜を吸う。

雄しべと雌しべ　雄しべの葯はモップ同様、T字形につく。

墓地に咲いたヒガンバナ　「死人花」という別名もある。

球根を掘り起こして食べて飢えをしのいだ。ただし**アルカロイド**毒の一種である**リコリン**を含むので、そのままでは食べられない。球根を細かく粉砕して水で充分にさらし、デンプン粒の状態に精製してから食べないと、嘔吐や下痢、痙攣を起こして重篤となる。

ちなみにヒガンバナは花や葉もリコリンを含んで有毒である。不気味がる人もいようが、食べさえしなければ、花や葉に触れたり、汁が皮膚についたり、花を花瓶に飾ったりしても問題はない。昔の子どもは、花茎をぽきぽきと折って鎖のようにしてつくったヒガンバナの首飾りを首にかけて遊んだりしたものだ。

ちなみにアルカロイドとは、植物がつくる窒素原子を含む有機化合物の総称で、一般に毒性が強い。植物にとって窒素分は貴重な資源であり、それを含むアルカロイドは高価な産物になる。高い防衛費を払って強い毒をつくっているのである。

意外に身近な過激派たち

動けない植物は鋭いトゲや防衛物質をつくり出すことで草食動物から身を守っ

ている。中でも動物の生命反応を狂わす毒は過激で強硬な防衛手段だ。

秋の野山に咲くトリカブトの毒は最強だ。複数のアルカロイド毒を有し、少量の葉を食べただけでも激しい痙攣を起こし、死に至る率も高い。特に根茎は猛毒で、「附子（ぶす・ぶし）」と呼ばれて古来、毒薬とされ、アイヌ民族の毒矢にも使われた。狂言『附子』は、貴重な砂糖を附子と偽って隠していた主人の嘘が太郎冠者と次郎冠者によって暴露されるひと幕を滑稽に描いている。近年も殺人事件に使われ、ワイドショーで話題になったことがあった。

身近な園芸植物にも意外と有毒植物は多い。スイセン、スズラン、オモト、フクジュソウ、キョウチクトウ、アセビ、シャクナゲ、カルミア、シキミ、エニシダ、ケマンソウ、エンジェルストランペット（別名ダチュラ、キダチチョウセンアサガオ）、カロライナジャスミン、アジサイ、イヌサフラン（コルチカム）なども有毒だ。スイセンの毒もリコリンで、葉をニラと間違えたり球根をタマネギと間違えたりして調理した結果の中毒事故が毎年のように発生する。ジャガイモも皮やイモが緑に変色した部分や茎葉は有毒で、これまた中毒事件がよく起こる。

ヒガンバナの１年（東京付近）

９月中旬　花茎だけが伸びて花が咲く。

10月上旬　花茎は枯れて葉が伸びてくる。

夏　葉を枯らした状態で、球根だけで夏を越す。

冬から春　葉が緑に茂る。５月上旬に葉は枯れる。

球根を引っぱる「牽引根」

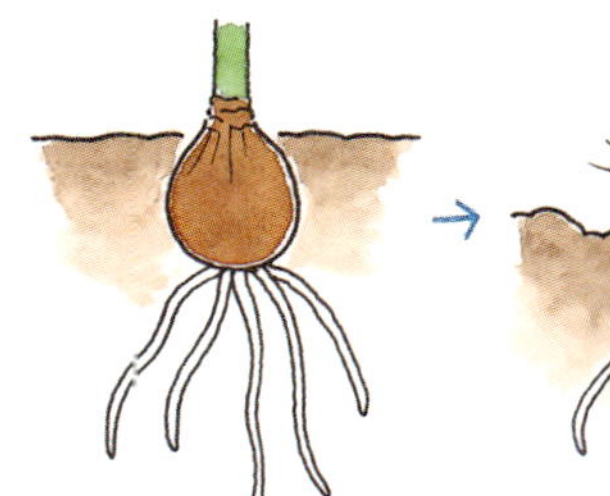

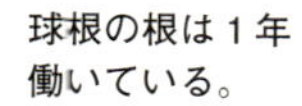
球根の根は１年働いている。

土が流れて球根が浮くと、

根が縮んで引っぱる。

棚田に咲くヒガンバナ
（神奈川県伊勢原市日向）昔から人々は畦や土手に球根を植えて救荒食や地固めとした。

ヒガンバナに実ができた!?

日本のヒガンバナは３倍体で実を結ばないが、コヒガンバナと呼ばれる２倍体のものは結実する。３倍体にも稀に実が生じる（写真）。見つけたら蒔いてみよう。

しかし毒は使いようで薬にもなる。コーヒーのカフェイン、タバコのニコチン、ケシのモルヒネなど、植物の毒成分は嗜好品や医薬品になっている。トリカブトの毒も薬になるが、こんな話もある。戦前のこと、高名な植物学者の白井光太郎博士はトリカブト根の粉末を含む強精剤を愛用していたが、あるときみずから配合した薬を飲んでそのまま亡くなられてしまった。野生のトリカブトを用いていたので毒性にばらつきがあったのだろうと言われている。素人療法は禁物だ。

ヒガンバナの災害保険

ヒガンバナが日本各地の畦や土手に植え広められたのには、花の観賞価値とともに、飢饉に備える救荒植物としての利用があったからだが、じつはそれ以外にも、先人の知恵ともいえる理由があった。

球根は地表に頭を出してぎっしり並ぶ。増水などで土が流れて球根が浮くと、根はぐぐっと縮んで球根を引っぱりこむ。これを**牽引根**といい、抜いてみると根の縮んだ形跡が外側にたるんだ腹の皮のように残っている。球根は、畦や土手の土どめの役目を果たすのだ。

球根の周囲には雑草があまり茂らないことにも昔の人々は気づいていた。近年わかったことには、球根が、ほかの植物の成長を妨げる作用をもつ**アレロパシー物質**を出していたのだ（41ページ参照）。ヒガンバナを植えておけば、土手や田んぼの畦に生える雑草の発芽を防いでくれるのだ。

しかも夏の間は葉がない。これも農作業に好都合だ。田の畔に植えても夏場の作業の邪魔にならないどころか、秋から冬は葉を茂らせて光を遮ることでも雑草の発生を妨げ、葉を枯らした夏の間も密集した球根が地面をガードしてくれる。球根は有毒なので、畦に穴をあけてしまうネズミやモグラの防除にもなる。

では墓地に多いのは？　彼岸の供花になるだけでなく、土葬された遺体を猛毒の球根で覆うことで野獣から守ろうとする昔の人の意図はなかったか。

やはりヒガンバナは毒の存在なくしては語れない。妖しく華麗なこの花には、〝魔性の女〟のイメージが重なり合う。

ヒガンバナの仲間

キツネノカミソリ　里山の林に生え、花は朱色。花は８月中旬、葉は２～４月と時期が分かれる。２倍体と３倍体があるが多くは２倍体で実を結び、10月に黒い種子をこぼす。

ナツズイセン　花は８月、ピンク色で大きく、ユリの花を思わせる。よく庭に植えられる。

ショウキズイセン　花は９～10月、橙黄色で大ぶり。四国以南に自生する。（写真提供：山田隆彦）

シロバナノマンジュシャゲ　ショウキズイセンとヒガンバナの雑種で淡い黄や紅を帯びる。

美しいが食べるとアブナイ有毒植物

スイセン

エンジェルストランペット

カルミア

カロライナジャスミン

エゾトリカブト

キョウチクトウ

オオバコの生きる道

平和に見える植物の世界もじつは生存を賭した競争社会。
ライバルたちと競うのか、それとも競争を避けて己の道を究めるか。
オオバコの選んだ「道」とは？

たくましい雑草の代表

スポーツの秋。思い立って出かけた運動公園のグラウンドで、地べたにしがみついている緑の大半はオオバコだった。

町でも山でも、人や車に踏まれる場所でがんばる**多年草**。山で迷ったときも、運よくこの草に出会えれば、道は必ず人家に通じるという。中国名は「車前草（しゃぜんそう）」

で、車のわだちに好んで生えるこの草の性質をじつによく表している。漢方の生薬名も「車前草」である。

葉には平行する5本の丈夫な脈があり、踏みにじられても容易にはちぎれない。根も四方八方に広がり、横方向からの外力にも耐えて大地にがっちりしがみつく。

踏まれ強いのは葉や根ばかりではない。「オオバコ相撲」で遊んだ記憶はないだろうか。花茎をからめて2人で引っぱり合い、ちぎれた方が負け。昔ながらの子どもの遊びだが、いざ始めると大人でもけっこう熱くなる。この、しなやかで強い花茎の性質も、絶えず踏まれる環境への適応である。

花茎には小さな花が集まり、たくさんの実ができる。実はカプセルのような構造で、熟して踏まれると上半分がぱかっと外れ、中から種子がこぼれ出る。

この種子にも細工がある。長さ2㎜弱の平たい楕円形だが、表層に**増粘多糖類**（そうねんたとうるい）のコーティングがあり、湿ると表面が水を吸って透明なゼリーのようにプルプルとふくらむ。それが接着剤のようになって靴底やタイヤにへばりつくのだ。そうして、人や車の行く先々の新天地に運ばれるというわけだ。踏まれてもへこたれ

運動公園のオオバコ。人に踏まれる場所が大好きだ。

花は咲くと、まず雌しべを伸ばす。雄しべはまだ出ていない。

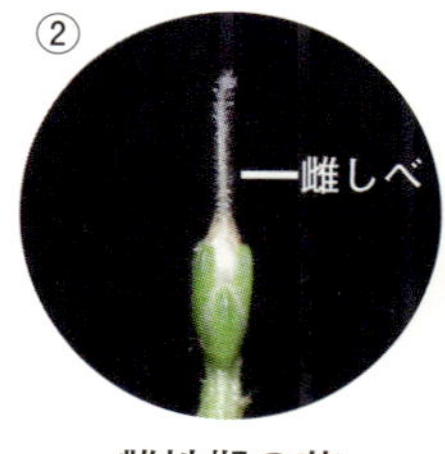

雌性期の花

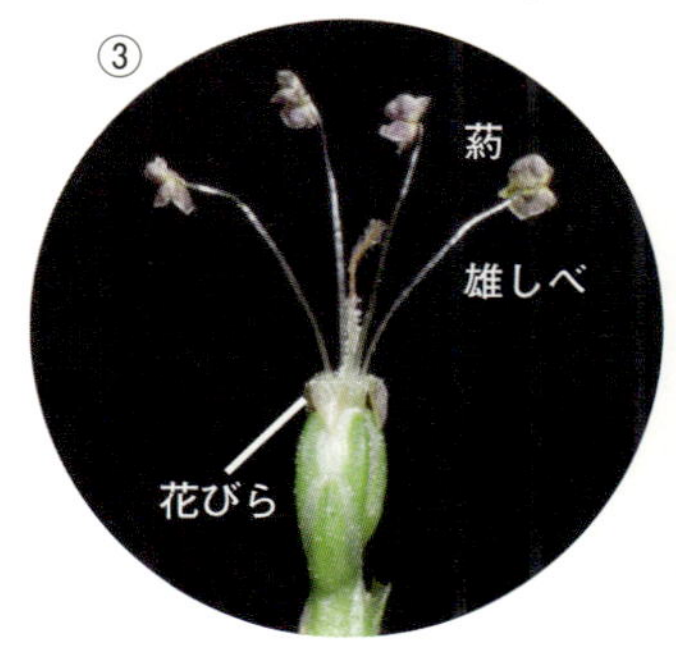

雄性期の花　雌しべが枯れると入れ替わりに4本の雄しべが伸びる。

オオバコの花序　上から順に、つぼみ、雌性期の花、雄性期の花、若い実と並ぶ。

花粉を風に飛ばすオオバコの花　雄しべの葯は細く立ち上がる花糸の先につき、風によくゆれる。

（写真①～④提供：田中肇）

ないばかりか、逆に踏まれることを利用して生活圏を広げていく。

雑草のたくましさの極致のようなオオバコだが、弱点はある。なにしろ背丈が低いので、ほかの植物に日光を奪われたら負けてしまうのだ。踏まれる場所に生えるのは、じつはそこしか生きられる場所がない、という厳しい現実でもある。

でも、別の見方もできないだろうか。絶えず踏まれる厳しい環境は、いいかえれば、ほかの植物たちと競争せずに生きていられる平和な世界でもある。競争社会から離脱して、文字どおり踏みつけられる道を選んで生きるのだ。

厳しい試練に身をささげ、みずからの意志でひたすら耐えて、実りを求める求道者。それがオオバコの生き方なのである。

雌雄の機能を使い分け

花茎(かけい)には小さな花が多数集まっている。だが花に美しい花びらはなく、色も地味で目立たない。花粉を風に運んでもらう**風媒花**(ふうばいか)なので、虫を惹きつける小道具も必要ないのである。やや紫がかった雄しべはちろちろと風に揺れて煙のように花粉を振り出し、花粉は風に乗って雌しべに届く。

よく見ると、花茎の上の方につく花は1本の白い雌しべを伸ばし、下の方につく花は4本の雄しべを突き出している。

じつは、上の方にあるのは咲き始めたばかりの花で、まず雌しべを出して花粉を受け入れる段階にある。花茎の下にいくほど咲いてから時間がたった花で、雌しべは役目を終えてすでにしおれ、代わって雄しべが熟して盛んに花粉を送り出している。花は、咲くとまず雌しべを出し、あとから雄しべを出すことによって、性の機能を巧みに使い分けているのである（**雌性先熟**という）。

性の成熟をずらす（異熟性という）のは、同じ花（もしくは株）の花粉で受精する、つまり**自家受粉**を避けるためである。自家受粉は近親交配をもたらす。ヒトもそうだが、近親交配をすると植物の場合も子孫に遺伝的欠陥が生じやすくなり、生存や子孫を残すうえで不利になる（**近交弱勢**という）。だから性成熟をずらすのだ。

こうして、1本の花茎の上から順につぼみ、雌性期の花、雄性期の花、若い実

オオバコの果穂　穂に並ぶ多数の実。熟して踏まれると、ガチャポンのカプセルのように、上下に割れる。

実のカプセルと種子　1個のカプセルにこれだけの中身が詰まっていた。

種子は薬用とされ、漢方薬や健康食品に使われる。

水湿時の（左）と乾燥時（右）の種子
外皮はぬれるとゼリー状にふくれる。

人が歩くところにオオバコあり

人が歩き回ると、靴底のタネが、今度は地面にくっつき、いろいろな場所に運ばれる。

雨にぬれ、ゼリー状になったタネがぺたっと靴底にくっつく。

人が歩けばオオバコが生える　学名の Plantago はラテン語の planta（足底）と接尾語 -ago（……で運ぶ）に由来する。

が並ぶことになる。雄の花の方が雌の花より下に位置するのも、同じ株の雌の花に花粉が降り注いでしまうことを避けるための工夫である。

目立たない小さな花にも、性転換の妙技や巧みな工夫が隠されている。

昔は虫相手、今は風まかせ

オオバコの花をもう一度ルーペでよく見てみよう。花の根元に、４枚の小さくとがった花びらがあるのがわかるだろうか。最近までオオバコ科は仲間うちだけの小家族だったが、ＤＮＡを用いた新しい**ＡＰＧ分類体系**では大家族になった。新しく加わったのはオオイヌノフグリやその仲間である。

オオイヌノフグリといえば、早春に咲く青い花。かわいい顔の**外来種**。きれいなドレスでハチやハナアブを誘って蜜でもてなす**虫媒花**（ちゅうばいか）である。４つに分かれた花びらと突き出す雄しべ、同じ仲間といわれれば、共通点は確かにある。

オオバコも昔は虫媒花だった。花びらはその名残である。でも草地という風のよく通る環境に進出したことで、虫から風へと方針を変えて**風媒花**（ふうばいか）になった。

無用の花びらは退化して小さくなり、雄しべは柄を細く長くして風に揺れるようになった。雌しべの柱頭は長く伸びて細かい毛をつけたモール状になって表面積を増やし、飛来する花粉を受け止めやすくするよう形を変えた。

種子にも巧妙な仕掛けが

運動したあとのビールはうまい。秋は食欲の季節。涼しい風についつい食べすぎれば、ダイエットの模索と実践（と挫折？）の日々が待っている。

ドラッグストアの陳列棚に「オオバコダイエット」なる商品を発見。説明書きには、「外国産のオオバコの一種、プランタゴ・オバタの種子の外皮の粉末」で「80％以上が食物繊維で、水分を含むと約40倍に膨潤するので、満腹感が得られダイエットに役立つ」とある。

オオバコ属の種子は外皮の部分にプランタザンという粘液質の繊維成分（**増粘多糖類**）を含んでいる。この成分には、多量の水を吸収してゼリー状に膨潤するおもしろい性質がある。紙オムツの吸収材とよく似た仕組みだ。この、ゼリー状

オオバコで遊ぼう！

オオバコ相撲　花茎を１本ずつもって、互いにからめて引っ張りっこ。ちぎれた方が負けだよ！

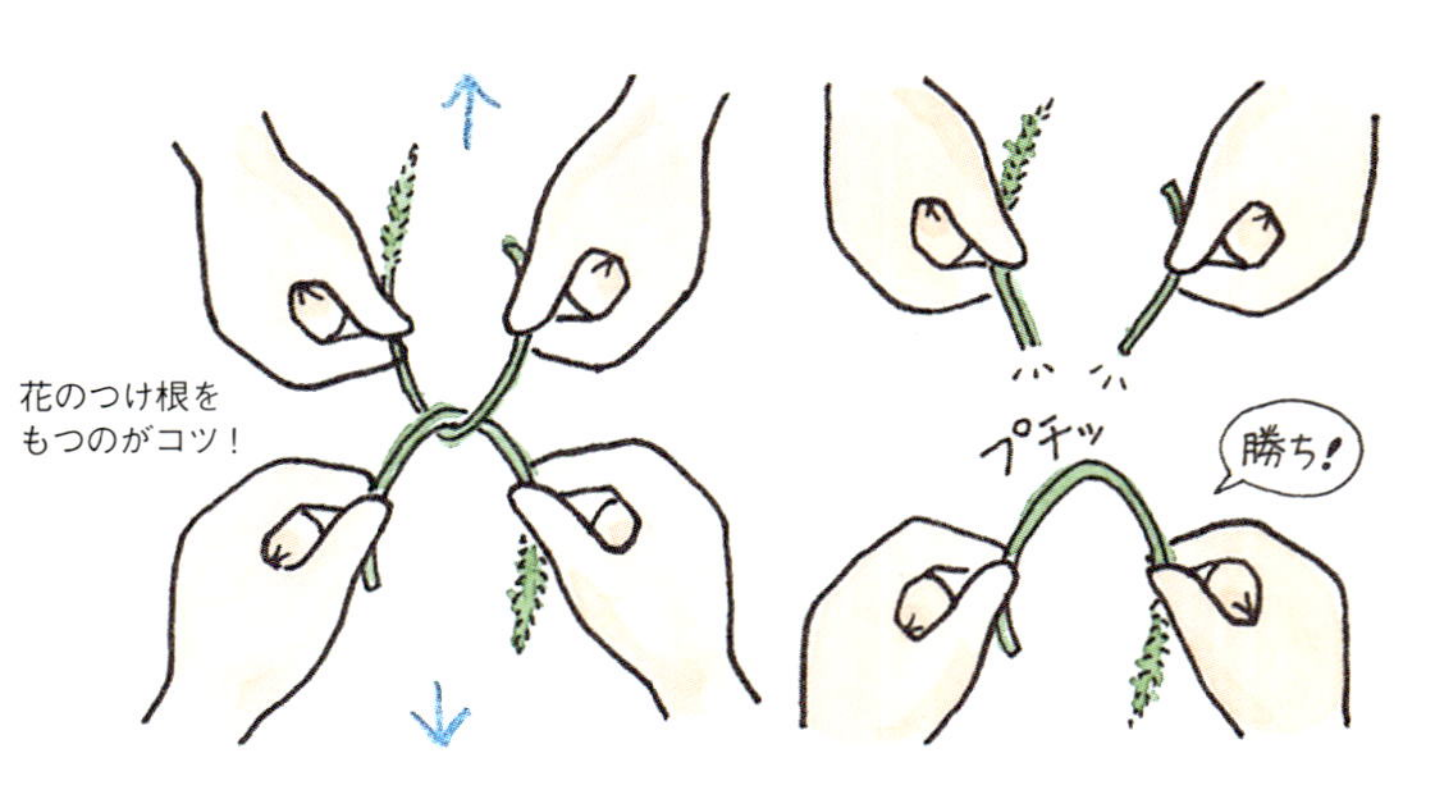

ママゴト遊び　花穂や葉っぱを使ってままごと遊び。ごはんにそうめん、さぁ、召し上がれ！

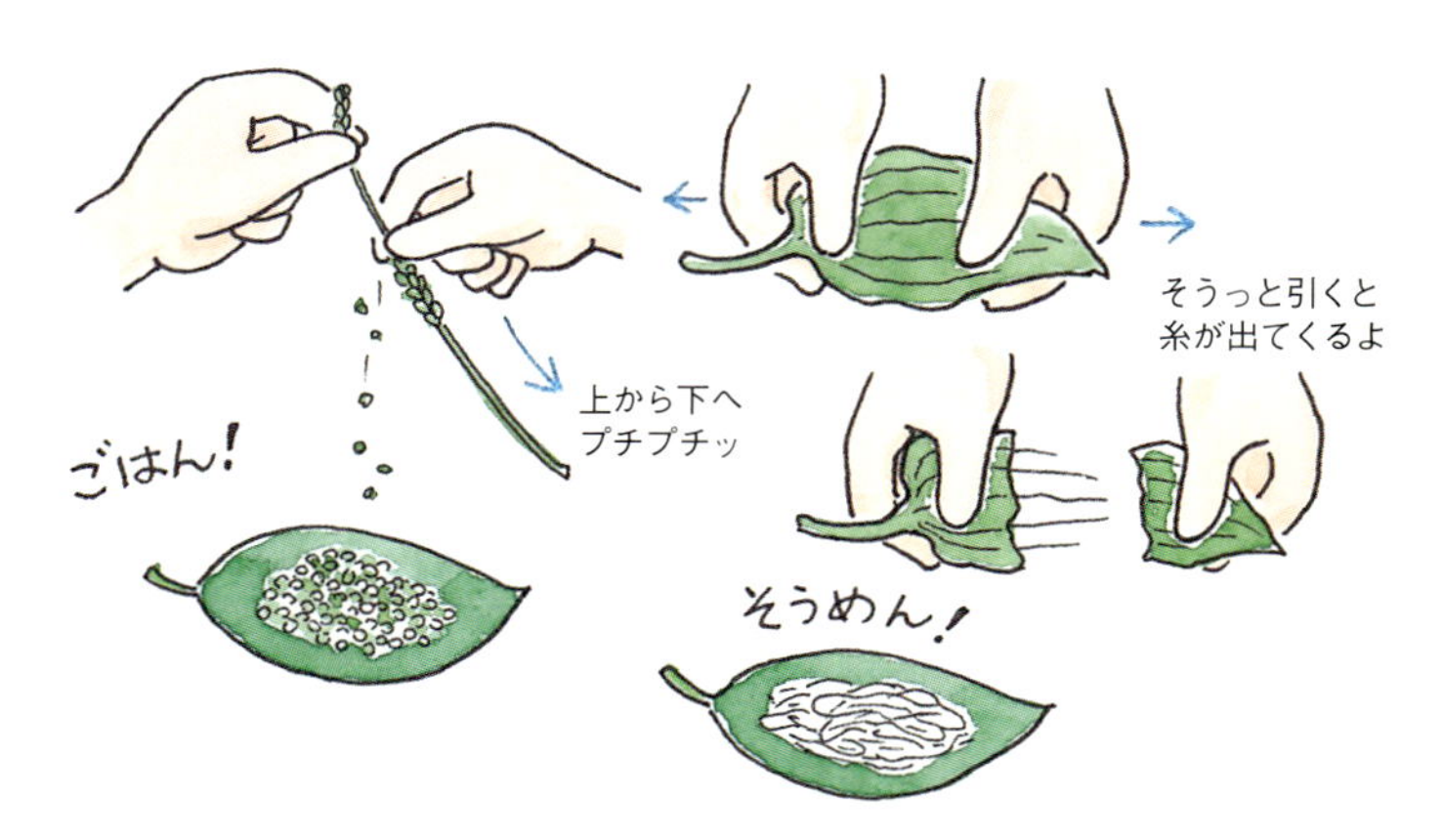

オオバコの仲間　海岸や高山の種類もある。

トウオオバコ　海岸に生え、花穂は高さ80cmになる。

ハクサンオオバコ　本州の高山の雪渓周辺に稀に生える。

ヘラオオバコ　ヨーロッパ原産の帰化植物。花が鉢巻状に咲く姿がおもしろい。葉は細長いヘラ状。

になった粘液質が接着剤の役目も果たすので、種子が靴やタイヤにくっついてうまく運ばれるというわけだ。

別の意味もある。粘液質に雨水をたっぷり吸いこんで蓄えておくことができるのだ。そこで、グラウンドや砂利道といった乾きやすい場所でも、幼い芽は干からびることなく無事育つ。

考えてみれば、人類が出現する以前は、野生動物の踏み分け道を除けば、種子の粘液質も乾燥への適応の意味がほとんどすべてだったはずだ。それが、人間が森を切り開き、道をつくった時点で、オオバコは新たなニッチを見出して勢力を広げ、粘液質の用途も転換し、人類の繁栄とともに分布を広げてきたのである。

踏まれ続けるオオバコの一生。でも、耐える代わりに競争を回避して、確実に安住の地を確保する。そして状況に応じて方針を柔軟に転換し、逆に踏まれることを逆手にとって種子を巧みに運ばせる。見事なまでに積極的な発想の転換ではないか。

やはり、たくましい雑草である。

セイタカアワダチソウ盛衰史

日本の秋を制覇した外来種（帰化植物）セイタカアワダチソウ。すさまじい繁殖力で天下を取ったかに見えたが、衰退の兆しが……。いったい何が起こったのか？

黄金に塗りこめられた秋

川面（かわも）を渡る一陣の風。いっせいにざわめく黄金の花の海。秋の陽に光り輝くように美しいこの花は、しかし、日本の自然に侵入したエイリアンである。

名はセイタカアワダチソウ（背高泡立草）。北米原産のキク科の**多年草**だ。北九州に進駐した米軍の貨物に混じっていた種子から広がったといわれている。

（東京都葛飾区・水元公園）

セイタカアワダチソウ。アシとともに水辺に群生していた。

全国各地で爆発的に増えて広がったのは昭和30～40年代である。いわゆる高度成長時代の産物として各地に出現した広大な造成地や工事現場が、セイタカアワダチソウにとってまたとない侵略基地となった。高速道路や河川工事に伴い、種子や地下茎は次々に新たな拠点に運ばれては、周辺地域を傘下に治めていった。花が美しく目立つのも、こうなると逆効果だ。誰の目にもその怪進撃ぶりは一目瞭然であり、一種の恐怖感さえ人々は覚えるようになった。九州地方では閉山した炭坑の跡が一面の黄色い花の海となり、誰からともなく「閉山草」と呼ばれるようになったとか。やがて嫌われ者の雑草の代表格として、道端や空き地、河川敷、埋め立て地、休耕田など、全国至るところに群落をなすようになった。

繁殖力は脅威的だ。ひとたび根づけば地下茎を縦横に長く伸ばしてたちまち広がり、林立する茎（遺伝的に同一の**クローン**だ）の数は年々50倍もの倍々ゲームで増えていく。乾燥にも強く、やせた土地でもよく育つ。

種子からの繁殖力もすさまじい。1本の茎がつくる種子はじつに4万個。種子（植物学的には**痩果**（そうか））には軽くて白い**冠毛**（かんもう）があり、風で広範囲にばらまかれる。

こうしてセイタカアワダチソウは日本の秋の覇者となった。
ちなみに同じ頃に花粉アレルギーの患者が激増し、セイタカアワダチソウはその犯人として疑われたが、それは冤罪（えんざい）だ。この花は**虫媒花**（ちゅうばいか）（花粉が虫によって運ばれる花）で、花粉は虫の体に付着して、風ではほとんど飛ばないのだ。真犯人は同時期に急増したブタクサやオオブタクサだったのだが、これらの花は風媒花で目立たないため、人の目にも留まらなかったのである。
ちなみにセイタカアワダチソウはミツバチにとっては、冬越し前の豊富な蜜源となり、養蜂業者にとっては重宝な**蜜源植物**となった。

競争相手に化学攻撃！

怪進撃の背景には、驚くべき事実があった。セイタカアワダチソウのまわりの土を植木鉢に入れて、ほかの草の種子を蒔（ま）いたり育てたりしてみると、なぜかうまく育たなかったのだ。調べてみると、地下茎や根からcis-DME（シス－デヒドロマトリカリエステル）という化学物質が土壌中に放出されており、これがスス

セイタカアワダチソウの花のつくり

頭花　キク科で１個の花と見える部分で、複数の小花（舌状花、筒状花）の集合体。

舌状花　頭花の外周に並ぶ。

筒状花　頭花の中心に密集。

花序　茎の先に多数の頭花が集まって花序をつくる。

（写真②③④提供：田中肇）

セイタカアワダチソウの花に集まる昆虫（＊写真提供：田中肇）

セイヨウミツバチ

ヒメハラナガツチバチ＊

ヒメアカタテハ

ツマグロキンバエ＊

蜜を吸うオオカバマダラ
秋に長距離移動を行う北アメリカのオオカバマダラにとって、セイタカアワダチソウとその仲間の豊富な蜜は旅の重要なエネルギー源になっている。テキサス州にて12月に撮影。

キャブタクサなど、周囲の植物の発芽や生育を妨げていることがわかってきた。**アレロパシー（他感作用）**と呼ぶ現象である。他の植物の生育や発芽をコントロールする物質**（アレロパシー物質）**を放出しているのだ。枯葉や枯れ茎からもアレロパシー物質は出されていた。

競争相手は化学兵器で打ち負かせ。静かに生きているようにみえる植物も、じつは熾烈で冷酷な化学戦争を繰り広げているのである。

アレロパシー植物を農業に利用しようという考えもある。たとえば、雑草の発芽を抑制する物質を出すアレロパシー植物をあらかじめ畑の土に鋤き込んでおけば、人体や生態系に有害な除草剤を使うことなく、雑草の発生を抑えることができるかもしれない。また、多くの畑で雑草の発生を抑えるためにうねにビニールシートを敷いているが、その代わりにアレロパシー植物を敷き藁に用いれば、ゴミの減量になるだけでなく、鋤き込んで有機肥料にもなるだろう。アレロパシー植物を果樹園の下草に利用しようという試みも各地で実行に移されている。

アレロパシーは、必ずしも阻害的に働くとは限らない。マメ科のつる植物のハッショウマメとイネ科のトウモロコシを並べて植えると、トウモロコシの生育が促進されるという。つる植物という立場からすれば、まきつく相手がよく育つほど自分も高くよじ登れる。相手を育てて自分も育つ。なるほど、合理的である。アレロパシー植物と他の植物を混植することにより、双方ともに病害虫が軽減される相乗効果が生まれる組み合わせもある。このように相手の成長を促進する植物は「**共栄植物**（コンパニオン・プランツ）」と呼ばれ、農業の新しい手法として注目されている。

外来生物が増えるわけ

外国から来て日本で爆発的に増えた外来生物の例は枚挙に暇がない。

外来生物の侵入と増加は、農業や林業、漁業などへの被害だけでなく、その土地本来の生態系に被害を与え、生物間のつながりを断ち切ることや**在来種**の絶滅にもつながる。環境全体が大きく変貌してしまうこともある。国は２００４年に**外来生物**法を制定して取り組んでいるが、対策は追いついていない。

繁殖力の秘密①　クローン軍団　地下茎を伸ばしてクローンを増やし、それらがぐんぐん成長して空間を占拠。

繁殖力の秘密②　タネ軍団　アワダチソウの名は、果穂がビールの泡に見えるから。１本の茎に約４万個の種子がつく。

繁殖力の秘密③　アレロパシー攻撃　根や地下茎から「シス - デヒドロマトリカリエステル（cis-DME）」という化学物質を分泌し、ススキやブタクサなどのライバル植物の生育や種子の発芽を阻害して、土地を長期にわたり独占する。

冬のロゼット　地下茎を四方八方に伸ばすと、先端にロゼットをつくって越冬する。

風に飛ぶ種子　小さくて軽く丈夫で、こわれにくい冠毛を広げて遠くまで飛ぶ。

なぜ、外国から来た生物は大発生を起こしやすいのだろう。

最大の原因は、**天敵**の不在である。天敵の存在下では個体数が抑えられていたものが、天敵を欠く新天地では無制限に増えてしまうのだ。

クリタマバチを例に説明しよう。岡山県で１９４１年に発見されたのを皮切りに日本全国に広がったクリの害虫である。この虫がクリの芽に産卵すると虫こぶができ、花も実もできなくなる。しかしクリタマバチの原産地である中国では大発生は見られない。天敵の存在によって、数が適度に抑えられているからだ。その天敵とは寄生バチの一種でチュウゴクオナガコバチといい、虫こぶに潜むクリタマバチの幼虫に卵を産み、これを食い殺して幼虫が育つ。クリタマバチの被害が拡大するに及んで、チュウゴクオナガコバチが防除のために導入された。小さな天敵は大きな成果を挙げ、定着した地域ではクリタマバチの被害が激減した。

時代という背景も見逃せない。セイタカアワダチソウが日本に来たのは、高度成長時代、それまでなかった乾燥した広大な空き地が日本各地でいっせいに誕生した時代である。その空白地帯が、アメリカの広大な中部草原にルーツをもつセイタカアワダチソウの生態にぴたりとハマったのである。

栄枯盛衰は世の習い？

ところが、１９８０年代以降、セイタカアワダチソウの隆盛にかげりが出てきた。侵略の勢いが衰え、一面の大群落だった場所にススキやオギなどの在来種が再び戻ってくるようになったのだ。セイタカアワダチソウに何が起こったのか。

日本に入ってきた直後のセイタカアワダチソウには天敵がおらず、食害も病害もほとんど見られなかった。しかし、手つかずの豊富なエサ資源を虫や菌類が放っておくわけはない。蛾の幼虫による葉の食害やウドンコ病、サビ病などの菌類による病害もあちこちで見られるようになった。在来の近縁種につく虫や病気が移行してきたらしい。アメリカからはセイタカアワダチソウヒゲナガアブラムシというやたらに長い名前の天敵アブラムシも遅れて日本に入ってきた。

天敵の出現に加え、自己中毒という可能性も取りざたされた。セイタカアワダチソウのアレロパシー物質は自身の種子発芽も抑制するため、実生が育ちにくく

セイタカアワダチソウの天敵が現れた！

天敵の昆虫や病原菌の出現により、最近は勢いが減衰中。

セイタカアワダチソウヒゲナガアブラムシ（北米原産）

ウドンコ病にやられた個体。

サビ病にやられた個体。

蛾の幼虫による食害　茎の下方の葉が丸坊主になっていた。さいたま市にて。

クリの害虫クリタマバチと天敵の導入

虫こぶの内部　クリタマバチの幼虫が２匹入っていた。

新芽に産卵すると虫こぶになり、花がつかなくなる。

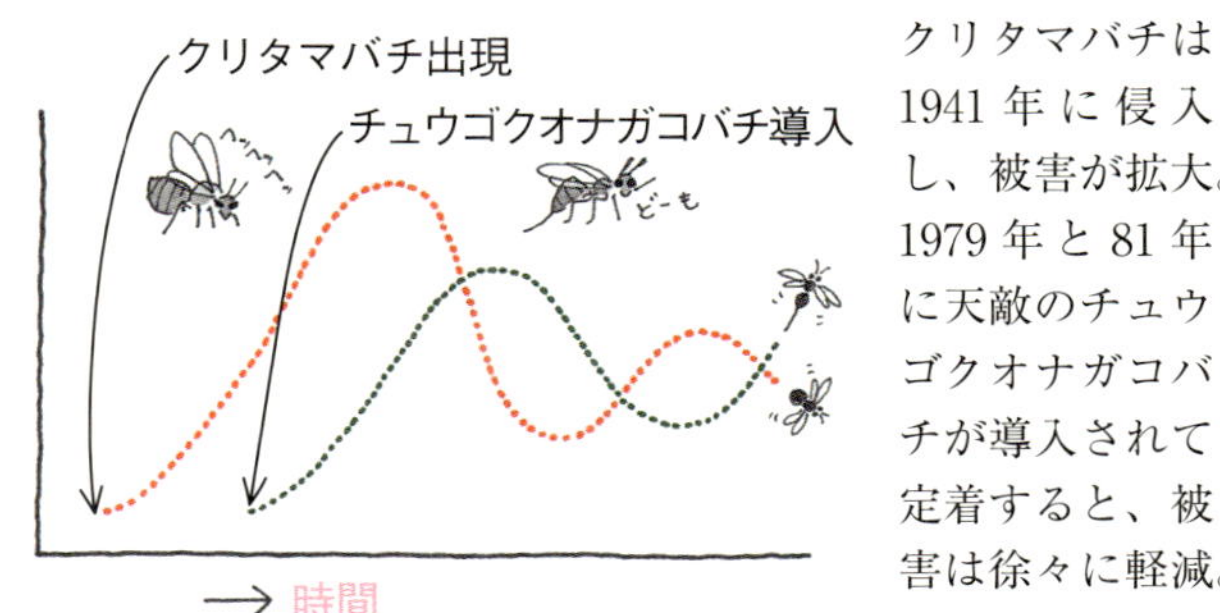

エイリアンと天敵の増減関係図

クリタマバチは1941年に侵入し、被害が拡大。1979年と81年に天敵のチュウゴクオナガコバチが導入されて定着すると、被害は徐々に軽減。

天敵導入のリスク　天敵の不用意な導入は厳に慎まなくてはならない。生物間の相互関係は複雑で、標的外の在来種を減少させたり予想外の生物種を増加させたりと、取り返しのつかない環境影響を引き起こした失敗例も多数ある。

なると考えられたからだ。しかし、アレロパシー物質は土壌中で早い時期に分解されることから、この説には懐疑的な意見もある。

別の見方もある。埋め立て地や放棄水田といった肥沃な土地にセイタカアワダチソウが群落をつくっても、ネズミやモグラなど土を攪拌（かくはん）する動物がいないと、養分は地表の枯草にたまる一方で、土そのものはやせてくる。するとセイタカアワダチソウの生育は衰えて群落にすきまが生じ、そこにススキやオギなどの在来種が戻ってくるというのだ。

いずれにせよ　セイタカアワダチソウの天下にも終わりが見えてきたようだ。アレルギーにアレロパシー。世間を騒がせたスーパーエイリアンも、虫や病気がつけば魔が落ちる。

押しの強い目立ちたがりやの新人も、頭の上がらない上司が出現してやっと組織になじむように、セイタカアワダチソウも日本の自然の一部として生態系に組み込まれつつあるということかもしれない。

＊追記　外来生物を天敵として導入することは、慎重でなくてはならない。導入した外来種が標的以外の在来種を捕食あるいは競合し、生態系に予想外の深刻な影響を及ぼすことがあるからだ。

カエデが色めき立つとき

とりどりの色を撚(よ)り合わせ
精妙な錦の刺繍(ししゅう)を縫い上げる。
絢爛(けんらん)たる秋の芸術展も、じつはリサイクル事業とは……。

紅葉の代表的存在

秋も深まると、大陸高気圧は日に日にその勢力を増す。いよいよ冬将軍のお出ましだ。先陣部隊の北風はヒューヒューと軍笛を吹き鳴らし、木々の梢に赤や黄の旗印を掲げる。

燃え立つ木々の彩りは、冬を告げるファンファーレでもあると同時に、去りゆ

イロハモミジの紅葉。(八王子市・高尾山薬王院)

く秋へのオマージュでもある。ブナ、ミズナラ、ミズキ、ケヤキ……。移りゆく季節を受け入れて、木々はとりどりに旅出の装束（しょうぞく）をまとう。

紅葉前線の精鋭部隊はカエデたちだ。カエデ属（以前はカエデ科だったが、新しい**ＡＰＧ分類体系**ではムクロジ科カエデ属となった）は世界に約１５０種、日本には26種がある。葉の形は、掌状に切れ込むものが大多数だが、**複葉**のもの（メグスリノキ、ミツデカエデ）や、まったく切れ込まないもの（ヒトツバカエデ、チドリノキ）もある。琉球列島に分布するクスノハカエデは、葉に切れ込みがないばかりか、常緑で厚く、見ためはクスノキの葉にそっくりだ。このように葉の外見は違っていても、いずれもプロペラ形の実をつけ、葉が２枚ずつ枝に向き合ってつく（つまり対生する）という共通の特徴をもつ。

カエデという名は、掌状に裂けた葉を「蛙（かえる）の手」と呼んだのがカエデに変化したという。掌状に裂けた葉には、風や雨の抵抗を受け流し、葉の表面に溜まる水はけをよくする効果がある。葉が裂けないヒトツバカエデやチドリノキでは、その代わりに葉脈部分を深い溝状にして排水効果を高めている。

庭や公園の樹木としても、カエデ類は身近な存在だ。江戸時代以降、イロハモミジ、オオモミジ、ヤマモミジを中心に多くの園芸品種がつくられてきた。ハウチワカエデ、メグスリノキ、ハナノキなども庭や公園などに植えられる。中国原産のトウカエデは街路樹としてよく植えられている。

海外でもカエデの仲間は人気者だ。北半球の温帯地域なら紅葉の主役はカエデになる。アメリカでは夏も葉が暗紫色のノルウェーカエデの園芸品種〝ゴールズワース・パープル〟が街路樹によく植えられており、その特異な葉の色に驚いた。

カエデ類は**樹液**(じゅえき)の糖度が高いことでも知られている。北アメリカ産のサトウカエデは早春の時期にショ糖濃度が2％～最高10％に達し、幹に傷をつけて集めた樹液を煮詰めてメープルシロップやメープルシュガーをつくる。東部のニュージャージー州に住んでいたとき、アパートの窓の外にこのサトウカエデがあり、2月頃には日に何回もハイイロリスが来ては、幹の傷から流れ出る樹液を、いかにも、「美味しい♡」という顔でなめていた。日本のイタヤカエデからも甘いシロップをつくることができる。

庭園のイロハモミジ。落ち葉の絨毯も美しい。

イロハモミジ
野山や公園でよく見るカエデ。葉は小ぶりで5～7つに裂ける。

ノルウェーカエデの園芸品種。葉は夏も暗紫色をしている。

サトウカエデの樹液をなめるハイイロリス。早春に樹液を採取し、煮詰めてつくるのがメープルシロップ。

サトウカエデ　カナダ国旗のモチーフ。樹液は甘い。

年によって性転換?

カエデ類の花は春に咲く。あまり目立たない種類も多いが、愛知・岐阜・長野の一部に稀に見られるハナノキは葉が出る前の枝に赤い花を点々と咲かせて美しい。ミツデカエデやカジカエデの花もいっせいに咲くととてもきれいだ。

イロハモミジやヤマモミジ、オオモミジなどの花は若葉が開くと同時に咲く。赤い小さな花がこぼれ咲き、よく見ると小さなプロペラをつけた**両性花**と雄しべだけを広げた雄花が**花序**に混じっている。一方、ウリハダカエデやハナノキのように株によって雌花と雄花のどちらかだけをつける**雌雄異株**(しゆういしゅ)の種類もある。

カエデ類の雌雄は、ほかの多くの雌雄異株植物(176~181ページ参照)と同じように、遺伝的に決まっているものと思われていた。ところが最近、ウリハダカエデの木が、ある年は雄花をつけ、次の年は雌花をつけるというように、雄から雌、あるいは雌から雄へと、年によって「性転換」するという事実がわかってきた。前年の日照や降雨量といった環境の変化が性転換の契機となる。

なぜ性転換をするのだろう。雌として自分の子を産み育てるか、雄として花粉親となって子を産ませるか。生まれた子が自分の遺伝子を受け継ぐ確率と子育ての負担は雌雄で異なる。雌がつくる種子は確実に自分の子だが、雄はその子が自分の子かどうかは定かではない。雌は種子を育てるのに多大な体力負担を要するが、雄の負担は小さい。こうした違いと親の資産量の差が、雌と雄、どちらになるのが有利かという戦略的選択を生むのだ（春夏篇・マムシグサの項を参照）。

カエデ類の性の決定や転換の仕組みの詳しいことはまだわかっていない。観察例の中には、ずっと雄として生きてきた木が、ある年を境に雌に変わり、たくさんの実をならせたあげくに枯死してしまった、なんていうのもあるそうだ。

思い切って性転換を決行したあとに予想外の苦労が待っているのは、植物も同じ、ということなのか。

紅葉は樹木のリサイクル事業

ところで、葉はなぜ秋に赤く変わるのだろう。

裂けた葉をもつカエデの仲間

イタヤカエデ　葉の縁にギザギザがないのが最大の特徴。

オオイタヤメイゲツ　山のカエデで、葉は9～11裂する。

オオモミジ　葉は7～9裂し、縁に細かいギザギザがある。

トウカエデ　中国原産で葉は3裂。街路樹や公園樹に多い。

カエデらしくないカエデの仲間

メグスリノキ　葉は三出複葉。紅葉はピンク色を帯びる。

チドリノキ　葉は端正なリーフ形。ライム色の黄葉が素敵。

クスノハカエデ　常緑で、奄美以南の亜熱帯の森に生える。

秋が深まって気温が低下すると根の活動は衰え、吸水能力も弱まってくる。一方で気温の低下に伴い空気は乾いてくるので、葉の水分は失われやすくなる。

植物体内の水分が急激に失われはじめる難局において、**落葉樹**は葉を維持することをあきらめ、葉を落とすことによって低温と乾燥の期間を乗り切ろうとする。そこで落葉樹は、葉の柄の部分に「**離層**(りそう)組織」を形成し、組織の末端をコルク質で覆って水が失われるのを防ぎつつ、水の流れを遮断する。パソコンの記憶装置を取り外すときと同じように、葉を「安全に切り離す」のだ。

離層の形成とともに養分の流れも徐々に止まるが、葉はなおしばらく**光合成**を続ける。葉でつくられた糖分は離層によって移動を阻まれて葉にたまる。この余剰の糖分から、赤い色素である**アントシアニン**が合成されてくる。

糖をアントシアニンに転換する背景には植物の経済事情がある。葉に含まれる窒素栄養をむだに捨ててしまうのは「もったいない」のである。

植物の体内にはタンパク質や核酸など窒素を含む有機化合物がたくさん存在している。大気中には窒素ガスがたくさんあるが、窒素原子同士の結合が固いので植物はこれを利用することができない。植物は窒素分を水溶液の形で根から吸収することしかできないが、自然界ではその量は限られ、奪い合いの状況にある（だから、植物に窒素肥料を与えるとぐんぐん育つ）。それほど貴重な窒素分を、みすみす落ち葉として捨ててしまうのは、じつにもったいない話なのである。

そこで植物は葉を切り離す前に、できるだけ多くの窒素分を葉から枝へと移動させて回収しようとする。この回収作業の際に、糖分がたまって葉の浸透圧が高くなっていると、水は枝から葉へと流れてしまい、枝の方に物質を転流させることができない。そこで浸透圧に影響を及ぼさないアントシアニンの形に糖を変換させるのだ。アントシアニンは紫外線を吸収し、まだ葉の中に残っているタンパク質の回収作業を促進する働きもある。

アントシアニンはもともと有害な紫外線をカットするフィルターとして植物がつくっている色素であるが、こうして窒素回収の際にも、また虫をひきつける花の宣伝の色としても、臨機応変に活用されているというわけだ。

カエデの花と雌雄

イロハモミジ　花序に雄花と両性花が混じってつく。

ウリハダカエデ　雌雄異株で雄株と雌株があり、それぞれ雄花と雌花を咲かせる。年により性転換をすることもある。

カエデの花は色とりどり

ハウチワカエデ　深紅

トウカエデ　地味な緑色

イタヤカエデ　黄色

ハナノキ♂♀とも真っ赤

オガラバナ　緑白色

ミネカエデ　黄緑色

紅葉に黄葉、その条件とは

数日のうちに、葉の生産工場である葉緑体はその操業を停止する。葉緑体は次々に解体され、緑色の色素である**クロロフィル**は徐々に分解されて消滅する。こうして緑が消えるとアントシアニンの赤が鮮やかに現れ、カエデの葉は赤くなる。

紅葉が最も美しくなる条件がある。それは、晴天が続いて日中は温度が上がり、夜は急に冷えこんで空中湿度が高いときである。葉が盛んに光合成して糖がたくさんたまったところで急速に離層ができるので、アントシアニンの量が多くなり、鮮やかさが増すのだ。紅葉の名所に山間部の渓谷が多いのは、低い谷間には冷たく潤った空気がたまりやすく、紅葉の条件をよく満たしているからだ。

残念なことに、大都市周辺では鮮やかな紅葉がなかなか見られない。排気ガスや煤塵(ばいじん)で葉がすすけていることに加え、いわゆる**ヒートアイランド現象**によって夜間の冷えこみが弱くなったため、美しく紅葉しなくなってしまったのだ。本来であれば真っ赤に紅葉するはずのトウカエデも、都会の街路樹では黄褐色のまま散ってしまうことが多い。

赤くなる前に葉が黄色く染まる時期があるが、これはクロロフィルとともに葉緑体に含まれていた**カロチノイド**（光合成を助ける**アンテナ色素**として働いている）の色である。葉緑体が解体される際、カロチノイドよりクロロフィルの分解の方が早く進むので、一時的にカロチノイドの黄色が現れるというわけだ。

イチョウやエノキのように葉にアントシアニンがつくられない樹木もある。この場合はカロチノイドの黄色だけが鮮やかに現れるので、見事な黄葉となる。草にも葉が美しく色づくものがある。いわゆる**草紅葉**（くさもみじ）で、多くの場合はアントシアニンやカロチノイドによって生じるが、それ以外の色素をもっている植物もある。たとえば、ヨウシュヤマゴボウやアカザの葉は透けるような真紅に色づくが、これは**ベタレイン**という色素の色である。クロロフィルの分解過程で**タンニン**が合成されてくると、その場合、葉は茶色に変わることになる。

植物たちは、まるで魔法のパレットのように色素を混ぜ合わせたり、自分だけ

カエデのタネはヘリコプター

カエデのタネは回転翼をもち、ヘリコプターのように回りながら飛ぶ。枝に2個ずつつくが、熟すと1つずつに分かれて風に飛ぶ。回転翼にはすじ状の細かい隆起が多数あり、これが空気の流れや渦をつくり出して、上昇力が増す。

赤い若葉のサングラスにも２タイプがある

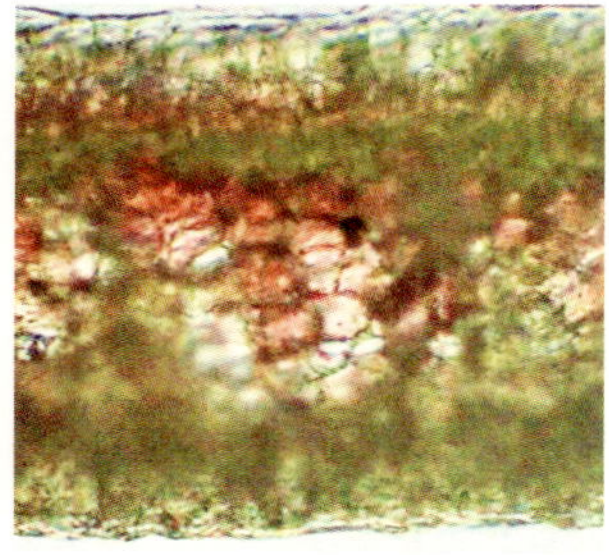

カナメモチ　バラ科の常緑樹で新芽が赤い。葉を切って断面を見ると、葉の内部に赤い色素がたまった細胞がある。この色素は紅葉時と同じくアントシアニン。有害な紫外線を吸収することで、若く未熟な細胞のＤＮＡを守っている。

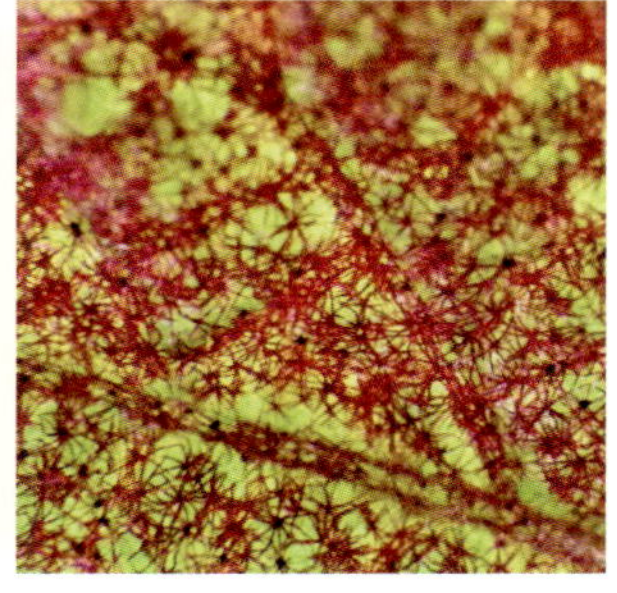

アカメガシワ　トウダイグサ科の落葉樹で新芽が赤いが、指でこすると色がはげる。じつは赤いのは若葉そのものではなく、若葉の表面に密生している星状毛なのである。葉の成長につれて毛の密度が下がり、葉は緑色になっていく。

の秘密の絵の具を溶き伸ばしたりして、晩秋の野山を微妙な色合いに染め分ける。

紅葉の効用

資源回収の一環として以外に、葉を赤く染めるのに意味はあるのだろうか。

たとえば、ハゼノキの葉も透けるように赤く色づいて美しい。紅葉したハゼノキには、ヒヨドリやムクドリなどの鳥が集まってくる。油脂分を多く含んで栄養価の高い実が、紅葉のまにまに熟しているからである。

一般に赤い色は鳥の目を惹くので、鳥に食べてもらいたい実は赤い色をしていることが多い（125ページ参照）のだが、ハゼノキの実は茶色くてちっとも目立たない。もしや、ハゼノキは赤く色づいた葉をレストランの看板に活用して鳥の目を惹き、実を食べてもらおうとしているのではあるまいか。ニシキギやハナミズキは実も赤いが葉も真っ赤に色づくので、さらに遠くからでもよく目立つ。

もともとアントシアニンは紫外線を防ぐために植物がつくり出した色素である。カナメモチやアカメガシワの若葉は表層の細胞や毛の細胞にアントシアニンを含んで赤く、有害な紫外線を吸収して未発達な葉の細胞を保護している。紫外線の害が強く出る冬場は、タンポポのロゼット葉やナンテンやツツジの常緑葉なども赤くなって紫外線を防いでいる。

薄暗い林に生える**林床植物**の中には、葉の裏側が赤や紫を帯びているものもある。熱帯性の観葉植物にもそのタイプのものは多い。何らかの仕組みで暗い場所でも光合成を促進する効果があると推測されるが、実態はまだわかっていない。

花の存在を引き立たせるために赤く染まる葉もある。ポインセチアは花期が近づくと葉を赤く染め、それ自体はたいして目立たない花の存在を蜜を吸って花粉を運ぶハチドリに向けて強烈にアピールする。一方で、**食虫植物**のハエトリグサやウツボカズラの仲間には、捕虫葉を赤く色づかせ、花のように装って虫をおびき寄せている種類もある。

紅葉の効用（!?）もいろいろである。

秋の野山で出会う美しい紅葉

ナナカマド（バラ科）山に生えて紅葉が美しく、街路樹とされる。実も美しいがまずい。

ナンキンハゼ（トウダイグサ科）中国原産。白い仮種皮はロウを含み、鳥が食べる。

ツタウルシ（ウルシ科）美しく紅葉するが、かぶれるのでご用心。実は茶色に熟す。

ハゼノキ（ウルシ科）実の果皮にロウを含む。樹液にふれるとかぶれる。

常緑樹の紅葉　常緑樹は、春に新しい葉を広げ、入れ替わりに古い葉を落とす。このとき樹種によっては古い葉が紅葉する。写真は５月上旬のテイカカズラ。クスノキも同じ時期に紅葉して散る。

草紅葉(もみじ)　草にも秋に紅葉する種類があり、草紅葉と呼ばれる。写真は11月のヨウシュヤマゴボウで、赤紫色の色素はベタレイン。アカザ科やヒユ科の赤もベタレインである。

精巧なヘリコプター

さらに季節は進み、冬将軍は本格的に木枯らし軍団を繰り出してくる。残っていた葉もことごとく吹き飛ばされ、一面に散り敷いて絨毯のよう。

枯れ葉に混じってカエデのタネも飛んでいく。翼をつけたタネは、まるでヘリコプターのようにくるくる回って空を飛ぶ。巧みに風をとらえて上昇することもできるので、マンションのベランダやビルの屋上でタネを見つけることもある。

上昇力の秘密は、タネの表面に走る何本もの細い隆起にある。絶妙のカーブを描いて隆起は空気の流れを整え、縁に小さな空気の渦をつくり出すことで下方に働く力を発生させて上昇力を生み出す。小さなタネにも、流体力学を駆使した見事な造形が施されている。

一瞬の炎に燃え立つ季節。最後の輝きを残して、木の葉はその役割を終える。これから始まる長い冬に向けて、木々は静かな眠りにつく。

絞殺魔ガジュマル

森の精霊キジムナーが住むというガジュマルの木。
枝から気根を垂らす姿もおもしろく、観葉植物としても人気者
しかしそこには、亜熱帯の森で生き抜くための凶暴な野生が……

原始の森は下剋上

陽だまりの喫茶店。挽きたてのコーヒーの香り。窓辺に置かれた観葉植物たちが、心地よい午後のひとときを演出する。

室内観葉植物たちの故郷、それは亜熱帯や熱帯のジャングルである。鳥や獣の声がこだまする深い緑の森、滝のように激しいスコール、そして驟雨（しゅうう）がすぎたあ

どれが幹でどれが気根なのか、もうわからなくなっている。

屋久島・栗生神社のガジュマル　幹から垂れた気根が太く育ち、

とに立ち上る水蒸気と虹色にきらめく水の雫……。そんな原始の森で、爽やかな緑をまとった観葉植物たちが、鉢植えの姿からは想像もつかない凶暴な野性を見せることを、いったい何人が知っているだろうか。

ジャングルは厳しい競争社会である。水も温度も満ち足りた空間で、植物たちは光をめぐって熾烈な戦いに明け暮れる。木々は光を求めて競争で幹を伸ばし、東南アジアの熱帯林では60mを越すまでにそびえ立つ。高みに達して光の王冠を手に入れたものが、この森の勝利者となる。

ところが、中には策略をめぐらして王座をかすめ取り、輝く王冠を頭に戴こうと企む植物たちがいる。

たとえばガジュマル。クワ科イチジク属の**常緑樹**で、鉢植えのコンパクトな観葉植物として人気があるが、自生地では幹から**気根**を垂らして巨木に育つ。東南アジアからインド、オーストラリアにかけての熱帯域に広く分布し、日本では屋久島以南に自生する。沖縄では精霊キジムナーが住む神聖な木とされ、庭木や街路樹としてもよく植えられている。

ひさしを借りて……

じつはガジュマルの正体は**絞め殺し植物**（絞め殺しの木）である。ほかの木を土台として利用してその上で成長し、挙句の果てに木をがんじがらめに締めつけて枯らしてしまう熱帯や亜熱帯の森のギャングなのである。

ほかの木の上で育つ仕組みはこうだ。

ガジュマルの実はイチジクを小型にしたような形で甘く熟し、鳥やサルが食べて糞をすることで、ほかの木の上に種子が運ばれる。運よく木のまたや樹皮の割れ目に落ちたタネは、そこで芽を出すと、すぐさま細い気根を垂らし始める。降水量の多い亜熱帯の森では、根が地面に届いていなくても、気根から雨水を吸収して何とか育つことができるのだ。とはいえ、雨水に含まれる栄養分は乏しいので、幼木の成長は遅々として、なかなか大きくなれない。

まるで芥川龍之介の「蜘蛛(くも)の糸」のように、細い気根はとうとう地面に届く。これでやっと幼木も土から養分をとれる。幼木は急速に成長して枝葉をぐんぐん

絞め殺しの木

鳥の糞から種子が
小さな芽を出して
最初はちょっぴり

気根を伸ばして……

うーんと伸ばして、
地面に届くと枝葉
が伸び始める

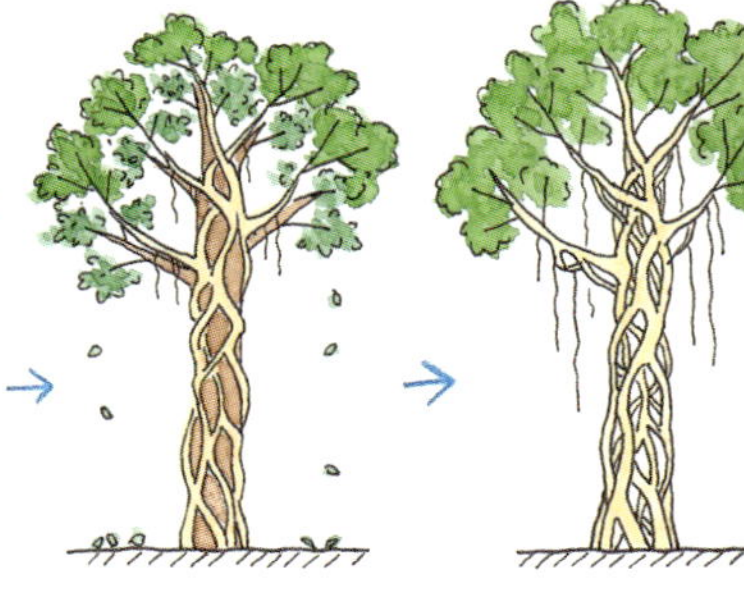

土台の木を覆って枝葉
がしげる。気根が幹を
締めつける。

あれ？　元の木がいない！
土台の木が枯れて、気根と
枝葉が籠状に残る

ガジュマルの花
イヌビワ属特有の「花嚢」で、共生するハチが授粉する（春夏篇・イヌビワの項を参照）。

樹上で育つガジュマル　街路樹のマツの幹のまたになった部分にガジュマルの幼木を見つけた。気根はまだ地面に達していない。南大東島にて。

屋久島・猿川ガジュマル　無数にからまる気根の間を歩く。

広げると、枝から新しい気根を次々に垂らす。やがて気根は幹のように太くなり、数も増えて、土台にされた木の幹をすっぽりと包みこんでしまう。

「ひさしを貸して母屋（おもや）を取られる」というが、ガジュマルも土台に貸してもらった木に覆いかぶさるようにして枝葉を広げ、やがて太い気根で幹をきつく締めつけて成長を妨げるようになる。

土台にされた木は悲惨である。葉は光を遮られ、幹は気根で縛られるので、次第に生育は衰え、ついには完全に「絞め殺されて」しまうのだから。土台の木が枯れたあとの空洞を、気根が籠（かご）のようにすっぽりと包みこむ。

同属の観賞植物であるベンジャミンや、釈迦がその下で悟りを開いたと言われるインドボダイジュなども、熱帯の森では「絞め殺し植物」となる。建築物にとりつくこともあり、カンボジアの世界遺産アンコールワットの近くにあるタプロ－ム遺跡は、この仲間の巨大な気根に飲みこまれて崩壊寸前の姿がすさまじい。

日本の亜熱帯の森ではガジュマルのほか、同じくイチジク属のアコウ、観賞植物が野生化したウコギ科のホンコンカポック（ヤドリフカノキ）、ヤマグルマ（ヤマグルマ科）も他の樹木の上に生えて絞め殺し植物となる。ただし、ガジュマルもホンコンカポックもヤマグルマも、種子が地面に落ちれば普通の木と同じように育つことができる。ヤマグルマは屋久島の湿潤な森ではよくスギの木を抱きしめて絞め殺しているが、本州の山では普通に地面から生えるおとなしい木である。

踏み台を探すポトス

ハート形の葉が美しいポトスの仲間も、故郷の熱帯ジャングルでは巧妙な策略者だ。じつは、私たちが見知っているのは彼らの生活のほんの一部にすぎない。ハート形の**幼葉**（ようよう）（幼い時期につける葉）をつけた若いつるが、よじ登る木を探してジャングルをさまよっているときの姿なのだ。

うまく立ち木を見つけると、ポトスは木の幹につるを這わせ、光に満ちた高みへとよじ登り始める。ポトスの気根には粘着力があり、樹木の幹にぺったりと貼りつく。どんな植物でも、直立した頑丈な茎をつくるには相当のコストがかかる。ポトスはほかの植物を踏み台にして高みに達し、コストを節約して光を得る作戦

同属の仲間　アコウ　紀伊半島以南に分布する。これも「絞め殺しの木」で、土台の木を包むように気根を伸ばす。

アコウに取りつかれたオキナワウラジロガシの大木（西表島）。

幹にびっしり花嚢をつける。

花嚢。イチジクに似て小さな実に育ち、鳥や猿が食べる。

街路樹を乗っ取った若木。元の木は枯れてしまった（沖縄本島・那覇市内）。

東南アジアのベンガルボダイジュも「絞め殺しの木」。12 世紀の遺跡も巨大な気根に飲み込まれつつある。
（カンボジア・タプローム遺跡、写真撮影：越膳真弓）。

なのだ。

つるは土台の木のてっぺんまでは登らず、幹の側面を利用するだけで満足する。それはそうだ、相手の木を弱らせて倒してしまったら、ようやく築いた自身の栄華も砕けてしまう。相手を弱らせぬよう共存共栄を図るのがポトスの思惑だ。

高みに登って葉に光が当たるようになるとポトスは成熟し、大きさや形をがらりと変えて今度は**成葉**（せいよう）（成熟した時期につける葉）を出すようになる。成葉は長さ50㎝にもなり、大きな穴や不規則な切れ込みが生じる。

一般に、水さえ豊かなら、葉は大きい方が生産効率が高い。だが大きな葉には熱帯の強い雨に打たれれば破れやすいというデメリットがある。そこで、ポトスの葉は穴や切れ込みをつくって外力を巧みにかわすのである。

この穴や切れ込みは、葉が育つにつれてその部分の細胞が「自殺」することで生じる。遺伝子に細胞の自殺プログラムが組み込まれているのだ。一般に**計画細胞死**とか**アポトーシス**と呼ばれる現象である。動物ではオタマジャクシの尾が消えるときなどに起こる。

闇に忍び寄るモンスター

　ポトスと同じくサトイモ科の仲間であるモンステラは、その葉の不気味に裂けた形から怪物（モンスター）の名をつけられている。このつる植物は、土台として利用すべき相手のありかを探り当てる能力をも発達させている。種子がジャングルで芽を出すと、まるで目が見えるかのように森の底をするすると移動して、うまく立ち木にとりつくのだ。

　モンステラの芽生えは、葉が退化してほとんど茎だけという、細長いミミズのような姿をしている。芽生えは普通の植物とは逆に、暗い方へと伸びていく。暗がりを目指すことによって、立ち木の根元の方へとにじり寄り、土台としてよじ登るのに適した木を探し出せるというわけだ。

　木の幹を這ってつるが上に登り始めると、ポトスと同様、まず小型の幼葉ができる。そしてつるが高みに達して光を受けるようになると、モンステラは穴や切れ込みがある大きな葉をつけて大人になり、花を咲かせるようになる。やがて真

鉢植えとして人気のポトスの仲間。オシャレなインテリア植物も亜熱帯の森では巨大に育って狂暴化!?

ポトスの近縁種ハブカズラ。こちらが樹上で成熟した姿。

観葉植物のポトス。これは幼い時代のかわいらしい姿。

巨大な葉を広げるモンステラ。発芽直後の糸状の姿から、かわいいハートの葉を経て森の化け物に成長する。円内は花。

外来種のポトスやモンステラに席巻されたオアフ島の森林。

っ赤な実が熟し、鳥が食べて種子をあちこちにばらまくと、続々と子モンスターが生まれてジャングルの地面を這い始める……。

私たちのすぐ身近にも同じ探索能力をもつつる植物がいる。雑木林などで木の幹にはりつくキヅタがそうだ。幼い植物は、横に這う茎に五角形の幼葉をつけて「アイビー」と呼ばれる観葉植物である。斑入り品種は広く栽培されているから誰もが目にしているはずだ。温帯育ちなので寒さにも強い。

面白いことに、「アイビー」の鉢植えを玄関先に吊り下げておくと、つる先はきまって暗いドアの方を向いてしまう。そう、キヅタの幼植物も地面を這って立ち木を探し、モンステラと同様に暗い方へと這い進むのだ。うまく立ち木を見つけて幹をよじ登り、光を得ることに成功すると、キヅタは枝を横に広げて普通のリーフ形をした葉をつけて花を咲かせ、新天地へと種子を送り出すようになる。

緑のオアシスとして人の心の砂漠を潤してくれる観葉植物たち。しかし彼らの内にもモンスターは住んでいる。木々を襲い、縛り上げ、覆いかぶさって絞め殺す。そんな植物の凶暴な野性も、緩やかな時間の流れにたゆとう今は、見えない。

オナモミの家出

植物は大地に根を張って動けない
その代わりに、種子という頑丈なカプセルをつくって旅に出る。
通りすがりの動くものにひっついて、どこまで行けるか、旅の空。

あなたを待つトゲトゲ植物

風が枯れ野を駆けめぐる。風は枯れアシを揺さぶっては笛を吹き、ふわふわに蓬(ほう)けたガマの穂綿(ほわた)を引きちぎっては雲の彼方へと運び去る。通う人とてないそんな淋しい枯れ野に、それでもぽつんと、誰かが通るのをじっと待ち続けているものたちがいる。

全員トゲトゲ!! オナモミ一家

1 cm

オナモミ 身長1.2～1.5 cm。うんと昔に日本に来たけど、今は超レアだよ。

イガオナモミ 身長2～3 cm。最後にやってきた大物さ。トゲの芸術をよく見ろよ！

オオオナモミ 身長2cm。昭和の初めに日本に来て、高度成長期に増えたどー！

イガオナモミ　埋め立て地や新興住宅地などに増加中。

オオオナモミは農村の道端やダム湖畔でよく見かける。

冬のオオオナモミの「立ち往生」　ひっつき虫の実は、株が枯死した後も直立したまま、誰か通るのをじっと待つ。

枯れ野にうっかり踏み込むと、人恋しく待ちわびていた草の実たちが、ここぞとばかりにくっついてくる。セーターにもズボンにも靴下にも、とにかく大きいのや小さいのや丸々したのや細いのや……。取ろうとしても、あらら、がっちりしがみついちゃって、しつこいったらありゃしない！

大人にとっては迷惑千万な草の実も、子どもたちは「くっつき虫」とか「ひっつき虫」とか呼んで、たちまち遊びの道具にしてしまう。服にきれいに並べ直してブローチ（？）にしたり、トゲトゲのオナモミの実を投げ合ったり、イノコズチの枝でひっぱたき合ったり（……あなたも？）。

子どもたちに人気のオナモミは空き地や川岸などに生えるキク科の**一年草**。とはいっても**在来種**のオナモミは最近うんと少なくなって、代わりに北米原産で全体に大型のオオオナモミが日本各地を席巻している。さらに大型で実にトゲと毛が多いイガオナモミという**外来種**も近年あちこちに増えている。

どの種類も似たような姿と生態をもち、長さ1～3㎝ほどのトゲトゲの実をつけるので、ここではまとめてオナモミと呼ぶことにしよう。

オナモミの花は地味である。同じ株に雌花と雄花をつけるが、そのどちらにも花びらはなく、目立たない。花粉を風に運ばせる**風媒花**なので、虫に目立つ必要もないのだ。群生地では大量の花粉が風に舞うので、やはりキク科で近い仲間の風媒花であるブタクサやオオブタクサと同様に、花粉症の原因となることもある。

花は8月末にならないと咲かない。昼の時間（日長）が短くなってくると花芽が形成されるという性質をもつからで、このような植物を**短日植物**（たんじつ）と呼ぶ。

キクやポインセチアも短日植物である。そこで、たとえば夕方に箱をかぶせて早めに暗くしたり、逆に夜も照明をつけて明るくしたりすると、早い時期に花芽がついたり、逆にいつまでも花芽ができなかったりと、花の咲く時期を調節できる。キクの**電照栽培**がその例である。わが家のプランターで育ったオナモミは、花が咲き始める時期が遅かったが、これも街路灯が明るかったせいだろう。

オナモミの雌花は**総苞片**（そうほうへん）に包まれており、総苞片が壺状（つぼ）にくっつきあってオナモミの「実」ができる。つまりオナモミの「実」は、じつは総苞片の壺に実が収まったものであり、植物学的な用語で正しくいえば**果苞**（かほう）にあたる。

花期のオオオナモミ　枝の先に雄花、基部に雌花がつく。ともに花びらや蜜はなく、花粉を風に飛ばす。

オオオナモミの雌花（左）と雄花（右）　雌花は総苞の間から柱頭を伸ばす。雄花の葯はイソギンチャクのよう。

衣服についたオオオナモミ。トゲの先端のフックが繊維や毛にからみ、くっつくとなかなか離れない。

ゴボウの頭花（断面）とタネ（円内は拡大） 衣服を接着する面ファスナーの発明のヒントはゴボウの実。総苞片のかぎ針で動物の毛について運ばれる間にタネがこぼれる。

→面ファスナーのフック面

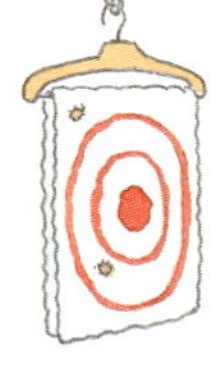

布でつくった的。
タオルや古いシャツでつくると、よくくっつく

立つ位置を決めてみんなで遊ぼう

オナモミダーツで遊ぼう！

オナモミダーツは大人気

オナモミはひっつき虫の王様だ。でっかくて、しかも全身トゲだらけ。鋭いトゲの先端はかぎ針のように曲がり、これで動物の毛や衣服の繊維にからみつく。まるで衣服の面ファスナー（いわゆるバリバリテープ）みたいと思うが、逆に面ファスナーこそ、このような草の実（ヨーロッパに自生する野生ゴボウの実）にヒントを得て発明されたものなのだ。

今の小学1、2年生は理科ではなく「生活科」を学ぶが、その教科書にオナモミを使ったダーツ遊びが載っていた。布製の的にオナモミの実を投げつけて点数を競うというものだ。でも、都会にはオナモミも生えておらず、知らないという子も大勢いる。それなら、と野原で集めたオナモミを息子のクラス全員にプレゼント。さらに学校とも相談してオナモミの苗を校庭の隅に植えさせてもらった。

このときはジュズダマも一緒に植えたので、秋にはきれいな実も採れた。学校の校庭の片隅にオナモミやジュズダマを育てたら、子どもたちの植物観察もより楽しくなると思うのだが、どうだろう。

ひっつき虫たちの旅立ち

冬を前に、植物の種子はさまざまに旅立つ。実が弾けて飛ばされるもの、風や水の流れを利用するもの、種子を果肉に包んで鳥や動物の食欲を誘い食べてもらうことで運ばせるもの……。

動けない植物の宿命として、種子が旅をせずにその場にとどまれば、光や水や栄養をめぐり、親と子、あるいは子同士で、必然的に熾烈(しれつ)な骨肉の争いが生じる。だからこそ植物はさまざまに工夫を凝らして種子を旅に出さねばならない。

オナモミのように、動物や人に付着して種子が運ばれる仕組みを**付着散布**(ふちゃくさんぷ)と呼ぶ。くっつく武器としては、先端が曲がったかぎ針（オナモミ、ミズヒキ、ヌスビトハギなど）、ネバネバの粘液（メナモミ、チヂミザサ、ノブキなど）、実の柄(え)やトゲに刺さると抜けない「返し」があるもの（チカラシバ、センダングサの仲間など）、ヘアピン状（イノコヅチなど）などがある。

オナモミの芽　タネは２個だが､芽を出すのは１つだけ｡小さいタネは眠ったまま待つ。

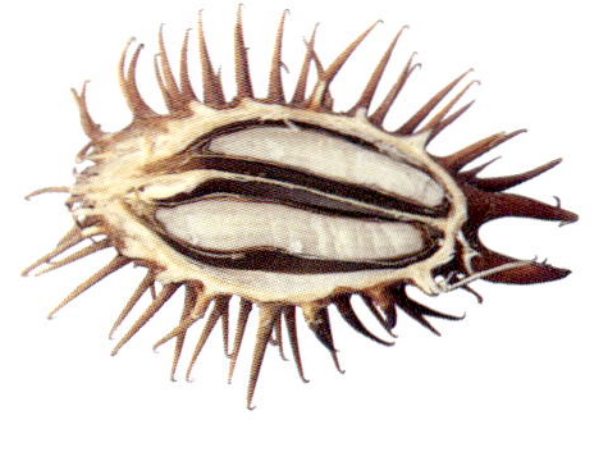

オナモミの断面　中には２個のタネがあって大小があり、大きい方が先に芽を出す。小さい方は不測時の保証だ。

長い種子寿命をもつビロードモウズイカ　ヨーロッパ原産で空き地や河原に生える。落ちた場所が暗いと、種子は深く眠りこみ、地面に光が当たるチャンスを100年でも待つ。

世界のびっくり！ひっつき虫

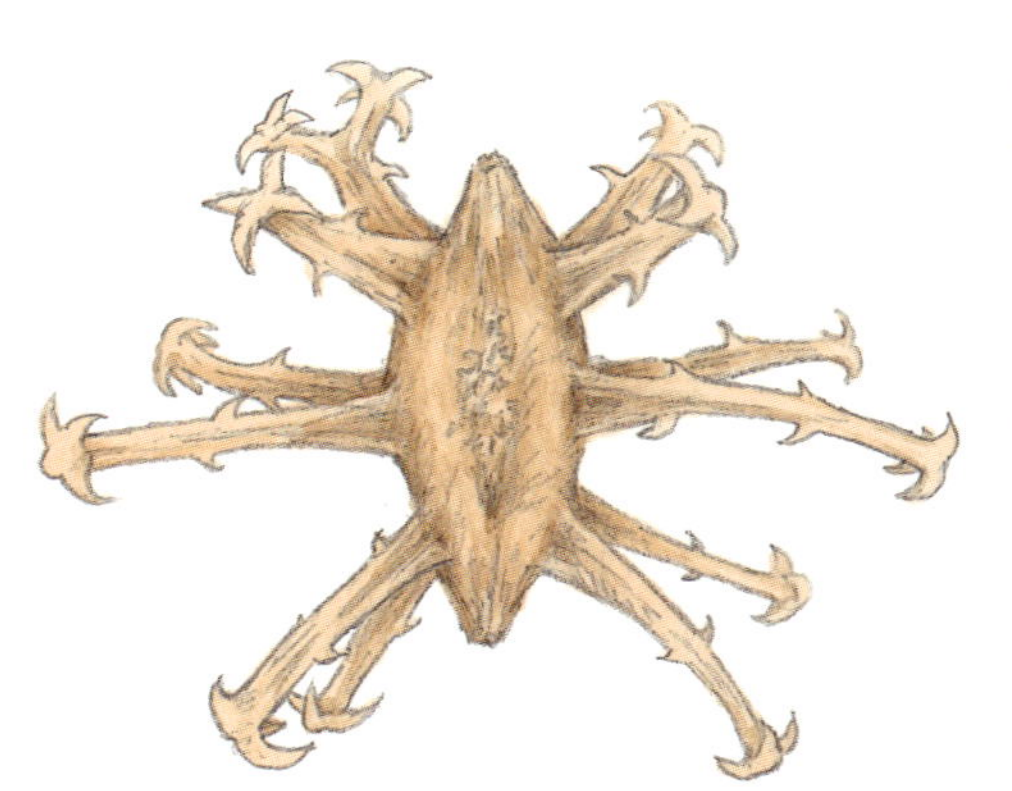

ライオンゴロシ
南アフリカのゴマ科の多年草で、掌ほどの大きさの実には鋭い逆さトゲがいっぱい。ターゲットは硬い足をもつダチョウで、足に食いこんで運ばれる間に種子をばらまく。

キバナツノゴマ
北アメリカのツノゴマ科の一年草。実は湾曲した角を上にして地面にころがり、大型草食動物が通るのを待つ。動物が踏むと角が足に食いこみ、運ばれながら種子がこぼれる。

動物は、風や鳥ほどには種子を遠くまでは運んでくれない。だが、彼らは少々大きめの実でも体につけて運んでくれて、何よりも彼らの道沿いにだけ落としてくれる。そして、それはたいてい、親植物が育ったのとよく似た、明るく開けた場所なのだ。

付着散布の植物にはいくつかの共通点がある。まず、実は地味な色で目立たない。目立ってしまったら避けられてしまうし、実を食べようとする虫や動物にも狙われてしまうからだ。

また、草丈は高くても１ｍくらいまで。人や動物の背丈の範囲内に収まらなかったら意味がないから。さらに、茎は枯れても倒れず、実も茎を離れない。風雪にもめげずに立ち続け、藪（やぶ）の中に身（実？）を潜めて、運び屋となる人間や動物が通りかかる瞬間を辛抱強く待ち受ける。

運ばせる相手は、人やけものだけとは限らない。水鳥を利用する実もある。水草のヒシの実は昔の忍者が「撒（ま）きビシ」に使っただけあって、返しのある鋭いトゲがあり、カモやハクチョウの羽毛に食い込む。オナモミも水辺に生えて水に浮くので、水鳥の体について運ばれることがある。

最強のひっつき虫は、その名も「ライオンゴロシ（殺し）」というアフリカの植物。曲がりくねった巨大なトゲの実をうっかり踏もうものなら大変だ。でも、足裏の分厚いダチョウなら平気。実が刺さったまま大地を疾走し続ける。

付着散布の植物たちは、それぞれ種子の運び屋に狙いを定めて、トゲを研ぎ、かぎ針を磨いているのだ。

種子はタイムカプセル

オナモミの実（正確に言えば果苞）にはタネ（植物学的には**瘦果**（そうか）にあたる）が2つ、ペアで入っている。タネはオレイン酸に富む良質の植物油を豊富に含み、中国では食用油の原料として栽培されることもあるという。実のトゲが進化したきっかけは、栄養価の高いタネを動物から守るためだったのかもしれない。

おもしろいことに、タネのペアには決まって大小があり、大きい方が先に芽を出す。小さい方のタネは外皮が厚くて水の浸透速度が遅いので発芽が遅れるのだ。

ヌスビトハギ　タネの表面に細かいフックが密生している。

イノコヅチ　ヘアピンの要領で服や動物の毛にからむ。

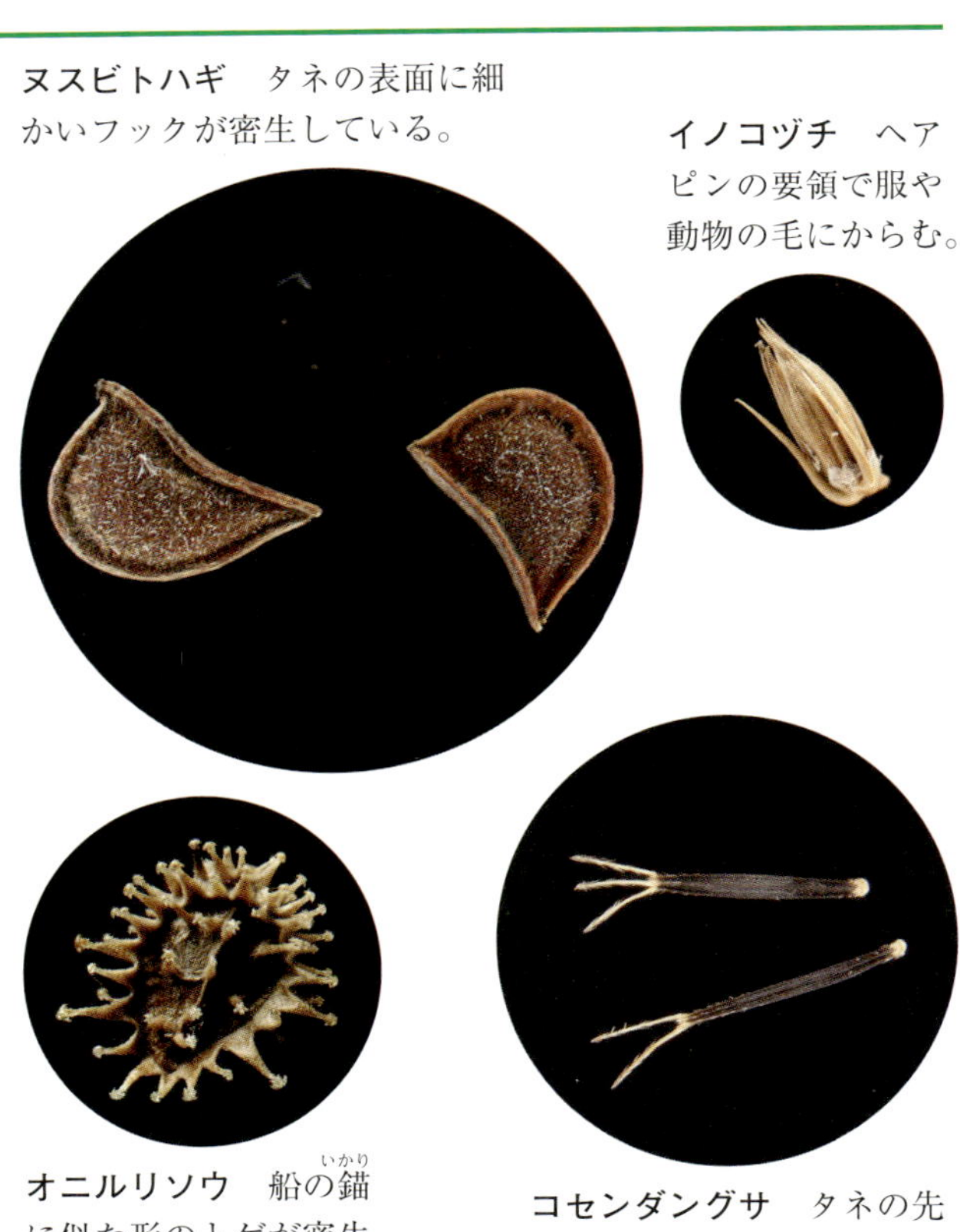

オニルリソウ　船の錨に似た形のトゲが密生し、刺さると抜けない。

コセンダングサ　タネの先端のトゲに微細な逆さトゲがあり、刺さると抜けない。

ひっつき虫大集合！

ダイコンソウ　精巧なフックでひっかかる。

チカラシバ　軸や彗星のような毛に逆さトゲがあり、刺さると抜けない。

ミズタマソウ　フック状の毛が密生し、逆光に透けて光る水玉を思わせる。

キンミズヒキ　フックがスカートのように並んでいる。

先に芽を出した大きなタネのオナモミが成長すると、小さいタネは発芽の機会を失う。土の中で待つ小さいタネにチャンスがめぐってくるのは、大きなタネのオナモミが不慮の災害に見舞われたとき。増水、干ばつ、ブルドーザー……。小さいタネは芽を出し、誰もいなくなった空間を占めて育つ。

小さいタネはいわば「保証」。ときには何年も土の中で機会を待つ。これも、川べりや空地といった不測の事態が起きやすい不確実な環境で生きてきた植物ならではの知恵なのだろう。

雑草の種子の中には、発芽の機会を何十年も土の中で待ち続けるものもある。メマツヨイグサやビロードモウズイカの種子は80～100年も発芽能力を保つことが、100年以上にわたって種子を埋めた発芽実験でも確かめられている。ハスやコブシのように、数千年前の遺跡から発掘された種子が発芽した例もある。

私たち人間を含め、動物は現在の時間にしがみついて生きるしか道はない。しかし植物は、みずからは動かないまま、空間だけでなく時間を移動する術すらも手に入れたようだ。植物が未来空間に飛ばすタイムカプセル、それが種子なのだ。

ヤドリギの寄生生活

欧米ではクリスマスの聖夜にヤドリギを飾り、その下でキスを交わす。愛とロマンに満ちた植物も、その実態は依存体質の世渡り上手、今どきの若者もびっくり、筋金入りのパラサイト族だった！

樹上で生活する居候

冬空にツグミの声が鋭く響く。葉を落とした木々の梢に、緑色をした不思議な球体がかかっていた。ヤドリギである。

ヤドリギ科の**寄生植物**で、ケヤキやエノキ、ミズナラ、サクラなど**落葉樹**の枝に根を食い込ませて径1mほどの球状に茂る。常緑で一年中、葉をつけているの

ケヤキの大木に寄生したヤドリギの集団。枝は球状に広がり、径１ｍほどになる。葉は常緑で、冬になると目立つ。

樹上のヤドリギ。淡黄色の実は冬の光に透けて美しい。

セイヨウヤドリギの実は白い。

朱色の実をつける株もある。

で木々が葉を落とす冬は特に目立つ。冬から春には丸い実が黄色や朱色に熟す。欧州にもヤドリギ（ヨーロッパのものは変種のセイヨウヤドリギ、英名はミスルトー。実は白く熟す）があり、冬も緑を保つことから古代ケルト人たちは生命の象徴として神聖視していた。物語の魔女の秘薬（ひやく）のレシピにもヤドリギは欠かせない。今でも欧米の人々はクリスマスにはヤドリギを飾り、その下なら誰とキスしてもよいというおおらかな風習を楽しんでいる。ディズニー映画『トイ・ストーリー』のラストにもそんな場面がでてきた。

さて**寄生**（きせい）とはどういうことか、木の幹にはよくシダやコケが生えるが、彼らは生活場所として幹を利用するだけで、木から栄養や水を奪いはしない。この場合は寄生ではなく**着生**という。つる植物や**絞め殺し植物**も土台となる木を利用して育つが、栄養や水は自力でまかなっている。

寄生とは、動植物を問わず、寄生性の生物（**寄生者**：パラサイト）が別の生物（寄主または**宿主**：ホスト）の体内または体表に住み、一方的に栄養を奪い取っている関係をいう。

ヤドリギは緑の葉でもって**光合成**を行いながらも水や**栄養塩類**（**ミネラル**）は**寄主植物**に依存する「**半寄生**植物」である。これに対して、あとで述べるネナシカズラやラフレシアのように緑葉をもたず、水も栄養塩類もすべて寄主植物から奪って生きる植物は「**全寄生**植物」と呼ぶ。

キノコやカビなどの菌類に寄生する植物もあり、その場合は**菌従属栄養植物**または**菌寄生植物**といい、ギンリョウソウ（ツツジ科）やオニノヤガラ（ラン科）などがこれにあたる（春夏篇・ネジバナの項を参照）。もちろん「寄生動物」もいて、人の消化管に寄生する回虫とか体表に寄生するノミやシラミなどがその例だが、うーん、いきもの大好きの私でも、こうした寄生虫のみなさんとはあまりお付き合いはしたくないなぁ。

寄生のための努力と技

一見ラクそうに思える寄生（パラサイト）生活も、実際に手に入れるとなると相応の努力やテクニックが必要なのは、人も植物も同じである。

ヤドリギの実を食べるヒレンジャク。一日中、実を食べて、水を飲んで、糞をして、また食べることを繰り返す。

糞に出され、木の枝に粘りついたヤドリギのタネ。

ヤドリギのタネを含んで粘る糞を垂らすヒレンジャク。

ヤドリギの寄生根。寄主の幹に深く分け入り、維管束から水と栄養を横取りする。

芽を出したヤドリギ。この形のまま２年半が経過する。

上の状態のヤドリギの断面。寄生根を挿入することにエネルギーと時間を費やす。

雌花と実　雌雄異株で、雌花は径２㎜で目立たないが甘い蜜を出して虫を誘う。円内は雄花で径７㎜。

ヤドリギは実や幼植物の機能を特殊化させて、寄生することに成功した。種子は樹上で発芽するとまず緑色の腕を伸ばし、先端を吸盤(きゅうばん)の形に変形させて樹皮の表面にとりつく。そして先端から樹皮を溶かす酵素(こうそ)を出し、寄主の幹に穴を穿(うが)ちつつ根を奥へと挿入するのである。このくさび状の**寄生根**は最終的に幹の内部で水や養分を運ぶ配管組織である道管の内部に到達し、寄主から水や栄養を吸い上げる。だがこの間は緑の腕の部分の微々たる光合成に頼らねばならない。そこで種子が取りついてから順調なパラサイト生活に至るまでに、じつに約3年という長い年月が必要となる。それまでは長くつらい耐乏(たいぼう)生活を送るのだ。

ヤドリギの株には雌雄があり、春にはそれぞれ雌花と雄花が咲く。どちらの花も小さく地味で目立たないが、蜜を分泌し、ミツバチやハエが花粉を運ぶ。実は径6㎜で丸く、冬に透けるような黄または朱色に熟す。

ここにヤドリギと深い関係をもつ美しい鳥が登場する。頭に冠毛(かんもう)をもつヒレンジャクとキレンジャクは群れで飛来して実を片端から食べる。ところがこの実は強力な粘着質を含むため、糞はまるで納豆のようにねばねばと糸を引いて鳥の尻から垂れ下がる。鳥の消化管を通りぬけた種子は、粘着質によって樹上の枝にくっつき、芽を出すと、光をたっぷり浴びて育っていく。

寄生の経済哲学

ネナシカズラの仲間はさらに攻撃的である。ヒルガオ科のつる性**一年草**だが、葉緑素をもたない全寄生植物で、吸盤状の寄生根を挿入して水も栄養もすべて寄主から搾取する。葉は微小な鱗片に退化している。種子が芽を出したばかりの頃こそ根もあるが、つるがほかの草に巻きつき、寄主から栄養を吸いながら伸び始めると、その名のとおり、根もすっかり消えてなくなってしまう。

つるは周囲の草を撫（な）で回しながら伸び進み、太く元気な茎だけを選んで巻きつく。搾取に容赦はない。つるは次々に茎を捕え、相手の**維管束**に寄生根を挿入して、汁を吸いつくしながら育っていく。ときには骨肉の争いも起こる。数が多すぎるとネナシカズラ同士で絡み合い、「共食い」してしまうのだ。すべては己（おのれ）が子孫を残すため。秋を迎えて、冷酷な吸血鬼も花をつけ、多数の種子を実らせる。

緑色で光合成を行う「半寄生植物」

オオバヤドリギ　落葉樹にも常緑樹にも寄生。鳥媒花。

ヒノキバヤドリギ　常緑樹に寄生し、葉は小さく退化。

ツクバネの寄生根　地下で周りの樹木から栄養を奪う。

ツクバネ（実）　地面に生える普通の落葉低木に見える。

葉緑素をもたず光合成をしない「全寄生植物」

クローバーに寄生する**ヤセウツボ**。地上に出すのは生殖器の花だけ。欧州原産の外来種。

アメリカネナシカズラ　つる性で、寄生後に根は枯れるが葉は栄養を奪って伸びる。

世界最大の花**ラフレシア**。熱帯の森でブドウ科のつる性樹木に寄生する。雌雄異株。くさいにおいで腐肉を装い、ハエに花粉を運ばせる。

ススキに寄生する**ナンバンギセル**の花。風情があり、昔の人は「思い草」と呼んだ。

そして晩秋、寄主の草が枯れるとともにネナシカズラの一生も終わる。

ボルネオの密林に咲く世界最大の花、ラフレシアも、葉緑素をもたない寄生植物である。ラフレシアの本体は寄主であるブドウ科のつる性の木の組織の中に潜んでおり、普段は人目に触れない。それは菌糸のような姿で、とても植物とは信じ難いという。ラフレシアは生殖のためにだけ地上に姿を現す。寄主の根にこぶができ、少しずつ膨らみ、ついに径1mもの巨大な花が密林の底で開くと、腐肉を模した独特の異臭を森のかなたへと漂わせる。

でもなぜ、ラフレシアの花はこれほどまでに巨大たり得たのだろうか。

植物の世界も経済法則に支配されている。花にコストをかけすぎれば茎や葉に回す資本が足りなくなってしまう。が、寄生植物のラフレシアにはコストを節約する必要がない。必要なのは花だけで葉や茎は必要ないわけだし、何よりも他人の稼ぎから好きなだけ横取りできるのだから。

労せずして得た収入はぜいたくに浪費できる。寄生植物の生き方には、ある種の人生哲学が垣間見える。

マンリョウの深謀遠慮（しんぼうえんりょ）

冬の木の実に共通する鮮やかなクリスマスカラーの装い。
見るからに美味しそうなのに、鳥にあまり人気がないのは、なぜ？
顧客を巧みにコントロールする植物たちの戦略に迫る。

日本古来の縁起植物

モノトーンの冬景色の中、マンリョウの赤い実がひときわ鮮やかだ。

マンリョウは暖地の林に生えるサクラソウ科の常緑低木。実は冬に真っ赤に熟し、ナンテンやセンリョウとともに正月の飾り花に使われる。名も、実の美しさを万両の価値と讃えたもの。江戸時代には盆栽づくりが流行し、白実、黄実、斑

庭のマンリョウにメジロ
のペアが訪れた。ぱくっ、
ごくん。そうやってこの
木も生えてきた。

マンリョウの花は７月に咲く。鳥も通わぬ都会では、この頃にも去年の実がみずみずしい輝きを保ってまだ残っている。

花弁や葯に黒い油点がある。

種子には手毬のようなすじが。

花や実は２年目の側枝につく。分枝のしかたがおもしろい。

入り葉など数々の園芸品種もつくられた。

名のめでたさも喜ばれる。昔の商家は、やはり冬に赤い実をつけるセンリョウとアリドオシと合わせ、3つ並べて庭に植えた。合わせて「千両、万両、有り通し」となり、ますます景気がいいというわけだ。商売繁盛の縁起かつぎである。やはり正月に飾るナンテンも「難を転じる」というわけで、これまた縁起がいい。ちなみに、サンショウも商売繁盛の木とされるが、その心はといえば「くださんしょ」。岐阜県犬山市に現存する織田信長ゆかりの古い商家、奥村邸の庭にもこれらの**縁起植物**が植えられていて興味深かった。

万両、千両とくれば、「百両、十両、一両もあるの？」と、気になる。それが実際にあるからおもしろい。正式名ではないが、百両はカラタチバナ、十両がヤブコウジ、一両とは前述のアリドオシのことである。カラタチバナとヤブコウジはマンリョウと同属で、やはり赤い実が美しく、正月の床飾りとされる。

さてマンリョウの花は夏に咲く。葉の下に咲くので目立たないが、くるりと反り返った花びらからしべが突き出ているさまにはつつましやかな風情がある。以前はマンリョウ科だったが、**ＡＰＧ分類体系**ではサクラソウ科の一員となった。

一方、「千両」の名でマンリョウとペアを組むセンリョウはといえば、被子植物の中でも原始的なセンリョウ科に属して花には花弁（かべん）も**萼片**（がくへん）もない。まったく縁が遠いのにもかかわらず、なぜ、どちらも冬によく似た赤い実をつけるのだろう。

赤い色で鳥たちにアピール

晩秋から冬にかけては、ほかにも赤い実の植物が目につく。アオキ、ピラカンサ、イイギリ、モチノキ、ソヨゴなど、例を挙げればきりがない。植物の実がそろって赤い衣装をまとうからには、なにか意味があるに違いない。

人の目から見たときに、自然界で赤い実が目立つのは、第一に、赤が葉の色である緑の補色にあたるためである。補色同士の組み合わせは鮮明なコントラストを生み出す。クリスマスカラーが鮮やかな理由だ。

もうひとつの理由は、ヒトを含めて霊長類の目に赤い光の刺激を受容する細胞が多いためだ。同じ哺乳類でもウシやイヌに赤い色はほとんど見えていない。

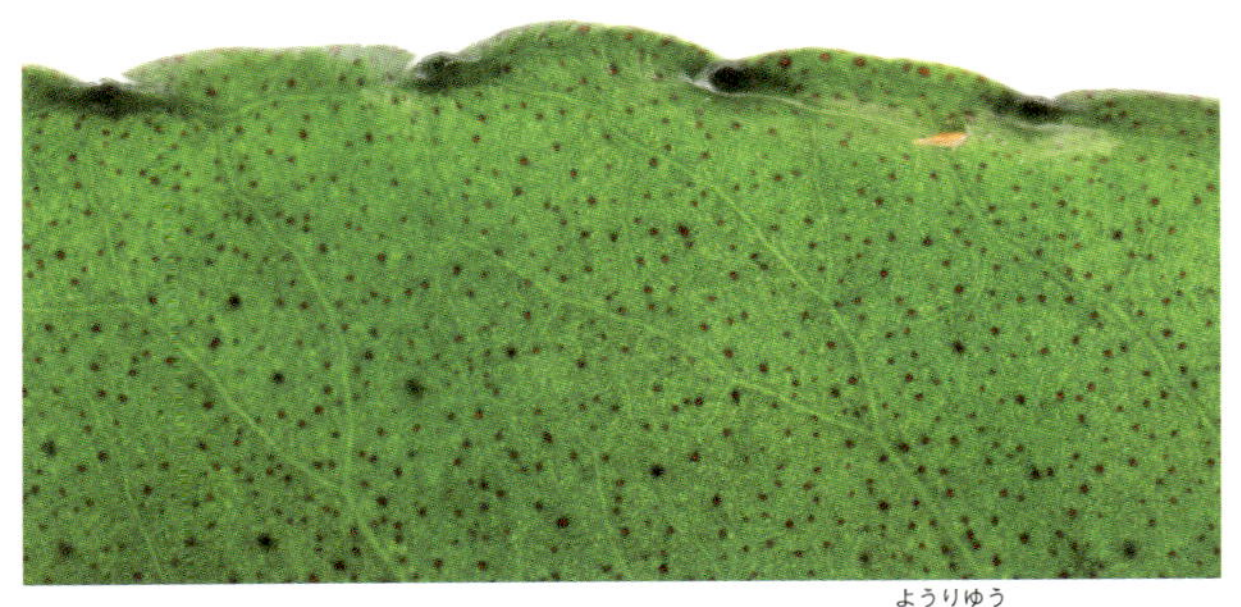

葉の鋸歯は波形。鋸歯の間に小さなコブ（葉瘤（ようりゅう））があり、窒素固定を行う共生バクテリアが囲われている。葉を透かすと見える赤黒い点々は「油点」で、防衛成分の貯蔵庫だ。

栽培品種のマンリョウ　鳥が種子を運んで増える。フロリダでは侵略的外来種となった。

野生のマンリョウ　沖縄本島恩納村のもの。間延びした樹形で実も小さい。

ナンテンの赤い実　漢字は「南天」だが「難を転じる」と縁起かつぎで戸口に植える。鳥が食べる果肉も含めて、植物全体にアルカロイド毒（人には薬用成分）を含む。

ナンテンの葉　細かく分かれているがこれで１枚。葉に含まれる**ナンジニン**には殺菌力があり、赤飯や重箱料理に添える風習がある。

ナンテンの実と種子

人間と色覚がよく似ているのが鳥類で、赤い色は鳥の目にも鮮やかに映る。その証拠に、鳥を誘って花粉を運ばせる花、たとえばツバキやサルビアは赤い色で存在をアピールする（161〜171ページ参照）。

托卵鳥であるカッコウの雛（ひな）の口の中は真っ赤だが、これも仮親にエサを与えたいという衝動をより強く煽（あお）り立てる「超正常な信号刺激」となっている。赤い実の色も、植物が鳥に向けて発した「信号」なのである。植物は種子を果肉に包むと赤い色で飾り、ヒヨドリやツグミ、メジロなど、木の実を好んで食べる小鳥たちに向けて「私はここよ。さあ食べて！」と誘っているのだ。

小鳥が飲み込みやすいように、実は一口サイズの丸く滑らかな形状で、大切な種子を柔らかな果肉で包んでいる。種子は硬い種皮に守られて消化管を通過し、そのまま排泄されることになる。こうして種子は鳥の行く先々に落とされて芽を出すというわけだ。糞に含まれる栄養も芽生えのよい肥料になる。

運ばれる距離はそう長くはない。空飛ぶ鳥にとって食物の重量は飛翔の妨げになるので、消化管を速やかに通過させて外に出したい。種子が消化管を通過して排泄されるまでに要する時間は長くても20〜30分程度である。

　マンリョウの種子は赤い実をそのまま蒔いたのでは芽が出ない。果肉中に種子を**発芽阻害物質**が含まれているため、そのまま落下したのでは芽が出ず、鳥の消化管を通ってはじめて芽が出るように細工が施されているのである。

　親植物の真下に落ちた種子は、親の陰になるため育つ可能性がほとんどないし、芽が出たとしても競争が増すだけだから、鳥に食べられて別の場所に運ばれたものだけに芽を出すことを許しているのだろう。芽を出さなかった種子の一部はそのまま休眠に入り、チャンスの到来を待つことになる。

　植物によっては鳥の砂嚢でごりごり削られることで物理的に**発芽阻害**が解ける場合もある。**種子散布**に鳥を利用するべく、植物たちは実や種子の色や性質を巧みに進化させてきたのである。

なぜ、まずい？　羊頭狗肉説

　つやつやした赤い実は見るからに美味しそうだ。でも鳥にはあまり人気（鳥

百両

カラタチバナ（サクラソウ科）の別名。花や実はマンリョウによく似ているが、葉はササのように細長い。

植物

福をひらく

千両

センリョウ（センリョウ科）。古い起源をもつ被子植物で、雌しべの横腹に雄しべが生える奇抜な花。

一両

アリドオシ（アカネ科）のこと。小さな常緑樹で、細いトゲがアリの体も貫くというのが名の由来。２個の花が１個の実に育つ。

お金が儲かる

縁起

十両

ヤブコウジ（サクラソウ科）のこと。高さ10cmほどの常緑樹で、正月の縁起植物として人気がある。

気？）がない。マンリョウの花は7月に咲くが、その時期になってもまだ前年の秋に色づいた実がつややかなまま、枝に下がっていたりする。実を観賞して楽しむ人間の立場からすれば、半年以上も美しい実を堪能できるのだからありがたい。でも、鳥に種子を運んでもらうはずの実がこんなに不人気で、いったい大丈夫なの？　と心配になってしまう。

なぜ鳥はマンリョウの実を食べないのだろう。同じように赤くてきれいなイイギリやカンボクの実も、けっこう長い間、枝に残っている。食べてみると両方ともとてもまずい。マンリョウの実はそれほどでもないが、水っぽくて栄養に乏しい感じだ。ナンテンの赤い実は有毒な**アルカロイド**を含んで苦い味がする。いっせいに熟す赤い実はたいていまずい。それが私の経験則である。

なぜ、まずい。鳥に食べてほしいのなら、美味しい方がいいだろうに。そこで2つ、仮説を考えた。

第1の仮説は植物の経済問題。実を美味しく（あるいは栄養価を高く）するには、植物は貴重な栄養分を実に分配しなくてはならず、元手がかかる。これに対して、実の外皮だけを植物にとっては安価な赤い色素の**アントシアニン**で染めるのなら経済的だ。「高級品」を品質で売るか、「安物」を宣伝で売るか、だ。

実際、安価な偽ブランド（？）を売る植物もある。柔らかく熟す実とは違うが、マメ科のタンキリマメやトキリマメの実は赤く熟すと裂けて黒い種子がむき出しになる。種子は光沢があり、一見ジューシーなベリーに見えるが、実際は硬い豆粒で、赤いさやも食べられない。しかし赤に誘われた鳥はつい種子を飲み込んでしまい、そのまま消化管をスルーした種子をどこかに落としてくれるのだ。ゴンズイの赤い実と黒い種子も同じだまし作戦で種子を運ばせている。

お一人様の個数限定説

第2は、わざとまずくしている可能性。もし赤い実が美味しくていくらでも食べられるなら、鳥は喜んでその場にとどまり、一気に食べ尽くしてしまうだろう。でも、そうなれば木の真下に糞の山が築かれて、種子はちっとも運ばれない！

赤い実は目について気になる。つい食べる。まずい。飛び去る。でも気になる。

ちょっとだけよ♥の法則　その1

派手に誘う一方で、毒や苦味で一気食べを強引に阻止する。

ナナカマド　実は苦味成分や青酸配糖体を含んで苦い。

ピラカンサ　園芸植物。果肉に青酸配糖体を含む。

一度に熟すが美味しくない

イイギリ　大きな木に鈴なりに実ってきれいだが、果肉は苦くてまずい。

カンボク　実はきれいだが非常に苦みが強い。

ちょっとだけよ♥の法則　その2

美味しく熟した分だけ色分けして少しずつ鳥に食べさせる。

オオシマザクラ
赤を経て黒く熟して甘酸っぱい。

ヤマグワ　赤から黒に熟すと甘酸っぱく美味。

少しずつ熟して甘くなる

オオカメノキ
赤いうちは未熟。黒く熟すと甘い。

ブルーベリー
白から紅を経て藍黒色に熟して美味。

つい食べる……。このような鳥の行動は、結果的に種子を時間的にも空間的にも広くばらまくことになり、「赤く目立ってまずい実」の繁殖成功を導くはずだ。植物の思惑を文字にすれば「食べてね、でもちょっとだけよ♡」ということになる。私はこれを「ちょっとだけよの法則」と呼ぶことにした。

まずい、というのは味覚だけの問題ではない。味覚はそれが毒かどうかを見極める大切な検査機関だ。苦みは**アルカロイド**、渋さは**タンニン**の存在を示唆している。ナンテンの実は苦いが、事実、アルカロイドの一種である**ベルベリン**を含む。鳥は、食べたら気持ちが悪くなったとか腹を壊したというような経験を通して、一度に食べられる限度を学習すると考えられる。タンニンや**サポニン**は強い毒ではないが、大量に摂取すると消化不良を起こす。食べると腸内で猛毒の青酸を発生させる**青酸配糖体**を含む実もある。

植物がコストをケチって栄養価の低い実をつけた場合も、鳥にしてみれば、エサを探索するのに必要なエネルギーに見合うだけの報酬が得られないなら、わざわざ探し回らない方がましだということになる。

かくして、まだ赤い実が残っているのにもかかわらず、鳥たちは飛び去り、別の場所で糞をする。そうして種子はめでたく別の場所へと運ばれる。

他にも要素はあるだろう。冬のはじめには見向きもされないイイギリやカンボクの実も春までには食べられてしまうが、これは餌となる実の選択肢が減ってくるということかもしれないし、慣れの問題もあるかもしれない。アカネズミは渋いミズナラのドングリを少しずつ食べているうちに渋みのタンニンにも体が慣れて、少々のタンニン量なら平気になるのだそうだ。鳥の場合も渋みや苦みに対して、次第に体が慣れて食べられるようになるのかもしれない。

試食してみると、サンショウの実は噛めば辛くて口がしびれるが、ごくんと丸飲みにしてしまえば何ということもない。鳥も丸呑みが基本だから人や哺乳動物ほどには味に頓着しないのかもしれない。トウガラシの辛さは鳥には効かないそうで、赤く熟したトウガラシをニワトリがパクパク食べている場面をテレビで見たことがある。鳥の味覚とヒトの味覚は必ずしも一致はしないようだ。

ちょっとだけよ♥の法則　その３

ジューシーなベリーに見えるが栄養ゼロ、消化管をスルー。

トキリマメ　赤く硬い莢と硬い豆粒の食えないコラボ。

ノササゲ　マメ科。一見ブルーベリー、実際は硬い豆粒。

鳥をだまして食べさせる

シロヤマブキ　バラ科。硬く痩せた皮と硬いタネ。

ゴンズイ　ミツバウツギ科。これまたフェイク。

ごちそうの部位はさまざま

鳥へのごちそうは果肉とは限らない。工夫はいろいろ。

◎種皮

ジャノヒゲ　果皮は剝落し、種皮が厚く果肉状に太る。

◎仮種皮

マユミ　種子を覆う仮種皮がゼリー質で油を含む。

◎果床

ヘビイチゴ　果肉状に太るのは実の土台部分（果床）。

◎種子表面

サンショウ　黒い種子の表面に高カロリーの油が光る。

少しずつ熟す美味しい実

話を戻そう。「赤くて美味しい実」というのも確かにある。イチゴやウグイスカグラ、グミなどがそうだ。でも、このような実は、赤くてまずい実と違って、きまっていっせいには熟さず、時間をおいて緑や黄色から赤にぽつぽつと色づく。

クワやブルーベリーの実も黒く熟せば美味しいが、いずれも赤から黒に色を変えながら少量ずつ熟す。鳥は実の色で熟度を非破壊的に読み取り、熟した分だけ食べる。少しずつ熟すことでも鳥の一気食べは阻止でき、種子を広くばらまくことができるのだ。

そう、ここでも「ちょっとだけよの法則」が成り立っている。

正月を彩る赤い実の植物。その美しさには、鳥を誘惑し、食欲を操り、種子を巧妙に運ばせようとする植物の策略が見え隠れする。

美しさに魅入られて大切に植え育てている私たちもまた、植物たちに利用されているのかもしれない。

フクジュソウの焦燥

春は名のみの風の寒さの中で、太陽を思わせて咲く黄金の花。
息せき切って咲き急ぎ、春の盛りを待たずして姿を消す。
どうしてそんなに咲き急ぐ？

再会の喜びもつかの間

木々も芽吹かぬ早春の庭園。ようやく咲き始めたウメの足元で、もう太陽に向かって晴れやかな笑顔を輝かせている花を見つけた。黄金色の花びらもまぶしいフクジュソウである。

「福寿草」の名もめでたく、正月の床の間を飾る**縁起植物**として知られている。

野生のフクジュソウ。（三重県いなべ市・藤原岳）

旧暦の正月の頃（現在の新暦では１月下旬から２月中旬）に姿を現すので元日草とも呼ばれ、すでに江戸時代初期には正月の床飾りとする風習があったらしい。

新暦の現在も、年末に贈答用の高価な寄せ植え鉢が売られることがある。が、これは人工的に温度を操作した**促成栽培**で開花を極端に早めたもので、自然条件で咲くのは、東京近辺だとやはり旧暦の正月をすぎて以降の２〜３月である。

私も鉢植えを楽しみに育てている。何もないように見える植木鉢に、２月の声を聞くと毎年フクジュソウが律義に顔を出す。咲き始めの頃はまさに絵に描いたように小さく整った姿。だが、半月ほどのうちに葉も茎も伸びてきて、しまりのない図体に変わってしまう。そして、庭に春が来てあちこちに花々が咲き出す頃、フクジュソウの葉はもう黄ばみ、ほどなく茎も葉もくずおれる。あとはまた、何もないように見える植木鉢がひとつ、ぽつんと庭に残される。

最近まで日本のフクジュソウは１種類で大陸のものと共通とされていたが、現在は日本固有の４種に分けられている。野生のフクジュソウは、北海道と本州の山に見られる。残り３種は、それぞれミチノクフクジュソウ、キタミフクジュソウ、シコクフクジュソウというが、ここでは名前のみにとどめておく。

フクジュソウは近年、掘り取られたり林が荒廃したりして激減した。それでも三重県の藤原岳、埼玉県秩父地方などの石灰岩地帯や北海道の**落葉樹林**には今も野生株の群落があり、早春には林床に点々と黄金の花を咲かせる。

咲き急ぐ春の妖精たち

野生のフクジュソウが咲くのは、木々がまだ芽吹く前の明るい林である。太陽の高度が増して陽光にようやく暖かみがもどってきたとはいえ、まだ風は冷たい。ときには気温が氷点下に下がる日もあれば、雪や遅霜に見舞われる日もある。ほとんどの植物がまだ活動を再開していない早春のこの厳しい季節に、なぜ、あえてフクジュソウは咲くのだろう。

北半球の温帯地域には、ミズナラやブナなどからなる落葉樹林が広がっている。このような林では、四季の巡りとともに林床の光環境は大きく変動する。上層の木々が葉を落とす晩秋から春にかけて、林は開けて明るくなる。積雪期間を除け

フクジュソウが送る駆け足の春

東京都内で庭のフクジュソウの様子を観察した。

２月初旬　芽が出たよ！

２月中旬
もう花が開いた！

３月上旬　背が伸びたよ！
まだ花はがんばっている！

４月上旬　実になったよ！
５月末頃には茎も枯れる。

花粉をなめる**ホソヒラタアブ**。（写真提供：田中肇）

花は太陽を向く。**ルリマルノミハムシ**もひなたぼっこ。

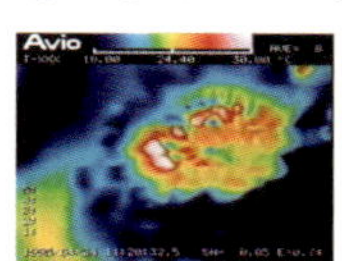

サーモグラフィーで見たフクジュソウの花。赤は高温部分。
（写真提供：田中肇）

ば、ふかふかと落ち葉が積もった林床に光がふんだんに注ぐ。林床の植物は寒さをしのぐことさえできれば、光には不足しない。

林から雪が消えるやいなや、フクジュソウはいち早く芽を出す。光の中で芽は一気にほぐれ、つぼみが姿を現す。葉や花は早々と前年のうちにつくられ、芽の中で小さく折り畳まれて出番を待っていたのだ。

葉が展開しないうちから、花は大急ぎで咲く。そして葉を広げきる頃には、もう花びらを散らし、コンペイトウの形をした実を育て始める。ぐずぐずしていては、林は暗くなり、光が途中で不足して種子を十分に育てられなくなる。

少しでも先に咲いた花の方が、遅れて咲く花よりも質のよい種子を多く残せるのだ。林が明るいうちに実を結ぶために、花は息せき切って咲き急ぐのである。

初夏を迎えると、木々はいっせいに緑葉を広げ、林は急速に暗く閉ざされる。林の地面にはわずかな透過光と木漏（こも）れ日しか届かなくなり、その状態が秋まで続く。こうなると林床の植物は光を満足に受けられず、葉の**光合成**量も減ってしまう。もし葉がつくり出すエネルギーよりも、維持費として消費するエネルギーの方が多くなれば、植物は葉をつけることをやめた方が得になるだろう。実際、フクジュソウは関東の平野部では5月はじめには早くも葉を枯らし、地上から姿を消してしまう。あとは翌春まで地下茎で休眠してしまうのだ。

落葉樹林の林床には、あたかも春の妖精のように、早春から春の短期間にだけ地上に姿を現す**多年草**がフクジュソウをはじめとして多く見られ、「**スプリング・エフェメラル**（春の短い命、という意味）」とか「春植物」と呼ばれている。

スプリング・エフェメラルはさまざまな分類群にわたって見られ、やはり早春の花として知られるカタクリ、セツブンソウ、キクザキイチゲ、アズマイチゲ、ニリンソウ、アマナ、エゾエンゴサクなどもその一員である。園芸植物としておなじみのスノードロップやブルーベルも、故郷のヨーロッパでは、温帯落葉樹林にひっそりと暮らす春の妖精である。

リスクを利益に転換

春先の開花には、しかし、リスクを伴う。最大のリスクは天気の急変だ。早春の

早春の林床一面に咲くニリンソウ（白い花）とカタクリ（紫）。ともに短い地上生活を送るスプリング・エフェメラルである。

カタクリのライフサイクル

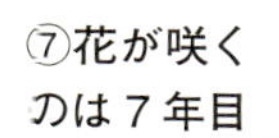

⑦花が咲くのは７年目

①４月下旬、実を結ぶ

②実は熟すと割れる

③アリが種子を運ぶ

④１年目の芽生えは糸状

⑤２年目の実生

⑥５年目の実生

アリに運ばれて芽を出すと、球根に栄養を蓄えて毎年、成長を重ねる。

山は晴れれば暖かいが、一転して降雪や遅霜に見舞われることも少なくない。だから早春の花たちは、寒さや凍結に耐える特別な機構を用意している。

フクジュソウの花は、晴れた朝に開き、午後には閉じることを繰り返す。天気が悪いと一日中開かない。この花の開閉に直接かかわるのは光ではなく、光が当たることで上がる花の温度である。日がかげってもすぐ花は閉じ、大事な雌しべや雄しべを花びらに包みこむ。こうして花は寒さや降雪に耐えるのだ。

食われる危険性も高い。冬景色の中にいち早く芽吹く緑は、当然ながら草食動物に狙われやすい。そこで、フクジュソウは葉や根など全植物体に**アドニン**という名の強力な毒を配し、用心深く身を守っている。

早春には、花粉を運ぶ虫もなかなか来てはくれない。絶対数が少ないうえに、晴れて暖かな日にしか飛ばないからだ。そこで、フクジュソウの花は晴れた朝に開き、花びらをパラボラアンテナの形に広げて太陽の動きを追う。光沢のある花びらは光をよく反射し、花の中心、ちょうど雄しべや雌しべのあたりに光を集める。その結果、花の内部の気温は外気温より10度ほども高くなる。

冬越し中のハナアブやハエが暖を求めて花の「クアハウス」に集まってくる。花は万人受けする黄色い衣装をまとい、凍えた客を呼び込む。冬の寒さに耐えてきた虫たちにとって、つかの間のひなたぼっこは最高の贈り物だ。虫たちは花の上でおやつの花粉をちびちびなめながら、凍えた体を温める。じつは、フクジュソウの花には蜜がない。その代わり、この花は暖かな日光浴場で虫を誘うのだ。

山の春は気まぐれだ。ときには風雪が吹き荒れて冬に逆もどりもする。そんなとき、フクジュソウは花を閉ざして太陽を待つ。こうしてフクジュソウは、花粉が虫の体について別の花に運ばれる偶然を待って、1カ月近くも咲き続ける。

日ごとに高さを増す太陽のぬくもりに促されて、植物たちは目覚め、芽を伸ばす。先駆けのフクジュソウに始まった山の春は、急速にそのまばゆさを増す。わずか2週間ほどで、一面の落ち葉だった林床はカタクリやキクザキイチゲに彩られたかと思う間もなく、エゾエンゴサクやニリンソウなどの花も華やかに森の舞台に登場して、花の祭典は一気にクライマックスを迎える。

アズマイチゲ（キンポウゲ科）

キクザキイチゲ（キンポウゲ科）

ヤマブキソウ（ケシ科）

イチリンソウ（キンポウゲ科）

ヤマエンゴサク（ケシ科）

ニリンソウ（キンポウゲ科）

スプリング・エフェメラルの花々

アマナ（ユリ科）

キバナノアマナ（ユリ科）

カイコバイモ（ユリ科）

エゾエンゴサク（ケシ科）

セツブンソウ（キンポウゲ科）

ツバキの赤い誘惑

雪をかぶって咲くツバキにちょこんと止まる一羽の鳥。
花と鳥の縁は想像以上に深い。
気まぐれな小鳥たちを惹きつける花の手練手管。

麗しくかつ実用的

彩り乏しい早春の街。庭先に咲くツバキの赤い花がつややかな葉の緑に映えて、ひときわ鮮やかに印象を残す。

ツバキは日本の花である。野生のものはヤブツバキ（学名カメリア・ジャポニカ）といい、本州以南の暖地に広く自生している。また、東北から北陸地方の日本海側には多雪気候に適応したユキツバキがある。一般には、これら野生種とその栽培品種をまとめてツバキと呼んでいる。

ツバキははるか上代から人々に身近な花であった。『古事記』や『日本書紀』にもその名は見える。長寿で四季を通じて葉が青々と茂り、しかも花の少ない時季に見事な赤い花を咲かせるツバキを、人々は繁栄の象徴と神聖視し、呪術的な魔力の存在を信じた。『日本書紀』には、景行（けいこう）天皇が豊後（ぶんご）の国で土蜘蛛を征伐した際にツバキの木でつくった槌（つち）を使った、とある。神のお告げを伝える巫女（みこ）の呪具の槌にもツバキが使われた。ツバキを神木とする神社も各地にあり、ツバキにまつわる伝説もまた多い。

ツバキの材は緻密で堅く、木槌のほか木魚や楽器などにも使われた。また、種子からは高価な椿油が採れ、油かすも粉末にしてシャンプー代わりに用いられた。茎葉を燃やして得られる灰は、貴重な紫色（草のムラサキを用いた）を染めるのに欠かせない**媒染剤**（ばいせんざい）でもあった。

美しい花を眺めるためにも、ツバキは古くから庭に植えられた。室町時代には

雪の日のツバキ

ツバキの園芸品種の一つ。大輪、八重咲き、染め分け、絞りなど、日本で生まれた品種だけでも約6000種あるという。

敷石に散ったツバキの落花。

ツバキの実と種子。実は秋に熟し、硬い種子を落とす。種子は上質の油を含み、高価な「椿油」の原料となる。

すでに、八重、紅白などの園芸品種が記されており、江戸時代に至って数多くの品種がつくり出された。

ただし、ツバキが盛んに栽培されていたのはもっぱら商家の庭だったらしい。ぽろりと抜け落ちるツバキの花を、武家は「花の『首』が落ちる」として忌み嫌ったからである。

ツバキがヨーロッパに紹介されたのは18世紀。**常緑樹**の少ないヨーロッパで、つややかな緑葉と赤い情熱的な花は人々に驚きと賞賛をもたらした。フランスではツバキのコサージュが流行し、夜会に赴く貴婦人たちのドレスを飾った。デュマ・フィス作、ベルディ作曲のオペラ『椿姫』が大成功を収めたのもこの頃だ。

現在の栽培品種には、ヤブツバキやユキツバキのほか、中国原産のトウツバキやサルウィンツバキなどの血が入っているものもある。さらに近年は中国から導入された黄色い花の「金花茶（きんかちゃ）」とも交配され、新しい品種が生まれている。

葉の輝きはキューティクル

ツバキの名は、「艶葉木」あるいは「厚葉木」に由来するという。葉の光沢は、表面に「**クチクラ層**」と呼ぶ一種のワックス層があるため。クチクラとは聞き慣れない言葉だが、英語読みして「キューティクル」といえば、シャンプーやリンスの宣伝でおなじみだろう。葉のクチクラ層は、髪の毛のキューティクル同様、表面を覆うワックス層として、内部の組織を乾燥や外部物質から守る働きをしている。ツバキが冬の寒さや乾燥に耐えて葉を緑に保つことができるのは、このクチクラ層のおかげである。葉は丈夫で3〜4年は枝についている。

サザンカやカンツバキもツバキと同属で、葉はやはりクチクラ層に覆われている。クチクラ層はまた、自動車の排気ガスや煤煙からも葉を守る。これらの植物が高速道路の沿道などによく植えられているのは、クチクラ層のおかげである。

鳥仕様でおもてなし

なぜ、ツバキはわざわざ冬から早春の寒い時季を選んで咲くのだろう。

花には鳥のメジロやヒヨドリが頻繁に訪れ、顔を花粉まみれにしている。花の

ユキツバキ——多雪環境への適応進化

ユキツバキ　日本海側の多雪地帯に特産する日本固有種。花は平開し、雄しべの糸は黄色く、筒状にならない。ヤブツバキとともに多くの園芸品種のもととなった。

枝葉はしなやかで、葉を二つ折りにしてもパキンと割れない。雪の重みに耐えるようにできているのだ。

冬は深さ150cm以上の雪に埋もれ、幹は低く這う。雪の重みでブナも曲がっている。

リンゴツバキ——虫との対抗進化

リンゴツバキ　ヤブツバキの変種で屋久島と南九州に分布。実は直径５～10㎝になり、リンゴのように赤く色づく。長い口を使って実に産卵するツバキシギゾウムシに対抗して果皮が厚く進化した。

リンゴツバキ（左）とヤブツバキ（右）の実の断面。種子の大きさはほぼ同じだが、果皮の厚みは大きく違う。

ヤブツバキの実で産卵行動中のツバキシギゾウムシ。

ヤブツバキの果皮に残されたゾウムシ成虫の脱出孔。

甘い蜜を吸っているのだ。この花の花粉を運ぶのは虫ではなく、鳥なのである。恒温動物である鳥類は、体温を維持するために必然的に多量のカロリーを消費する。だが、冬は餌となる虫が少ない。花が鳥を誘うには狙い目だ。

花は多量の蜜を用意して鳥を誘う。花から花へ、木から木へと移動する鳥の立場からすれば、移動という運動（飛翔）には相当のカロリー消費を伴う。だから、花はたっぷり蜜を出して、鳥たちを大切にもてなす。

ツバキの花は、その構造も鳥に照準を定めている。雄しべや雌しべの位置や大きさは、鳥の体格に合わせて配置されているのである。いいかえれば、仮に虫が来て蜜を吸っても花粉はうまく運ばれないし、それどころか蜜に回した投資の分だけ、花は損をしてしまう。虫に貴重な蜜を盗まれないためにも、ツバキは虫の少ない季節を選んで咲くのだ。

さらに雄しべの基部は合着して筒状となり、蜜を守る城壁となって立ちはだかる。力の強い鳥は城壁の内側へと嘴（くちばし）を差し入れることができるが、虫の体格では到底、蜜には届かない。

ヒヨドリは花の近くの枝にとまり、花の横側から蜜を吸う。ときにはホバリング（停空飛翔）しながら蜜を吸うこともある。だから、ツバキは横向きに咲く。鳥は虫よりずっと重い。だから花びらは鳥の体重でも壊れぬよう、硬くて丈夫だ。花びらに残された点状の変色は、メジロの爪痕である。体の小さいメジロは下側の花びらにしがみついて蜜を吸うのだ。

鳥は鼻が鈍く、匂いはほとんど無意味である。だから、ツバキに香りはない。だが、なんといっても最重要ポイントは「赤」である。鳥類がヒトと同じく赤い色を最も強く感受するからこそ、ツバキの花は赤いのだ。

鳥たちをめぐる競演

こうした特徴をもつ花はツバキに限らない。鳥を主要な**送粉者**として利用する**鳥媒花**は一様に赤く、花びらが丈夫で、匂わない。共通の送粉者に適応して共通の性質をもつに至った**送粉シンドローム**の例である。

アメリカ大陸や南アフリカ、熱帯～西アジア、オーストラリア、ポリネシアに

ヤブツバキの花の蜜を吸うヒヨドリ。顔は花粉で黄色い。翼をはばたかせてバランスをとっている。

←ヤブツバキの花の蜜を吸うメジロ。下側の花びらに爪をかけてしがみつく。

↑ツバキの花びらの黒いしみは、メジロが訪れた証拠。

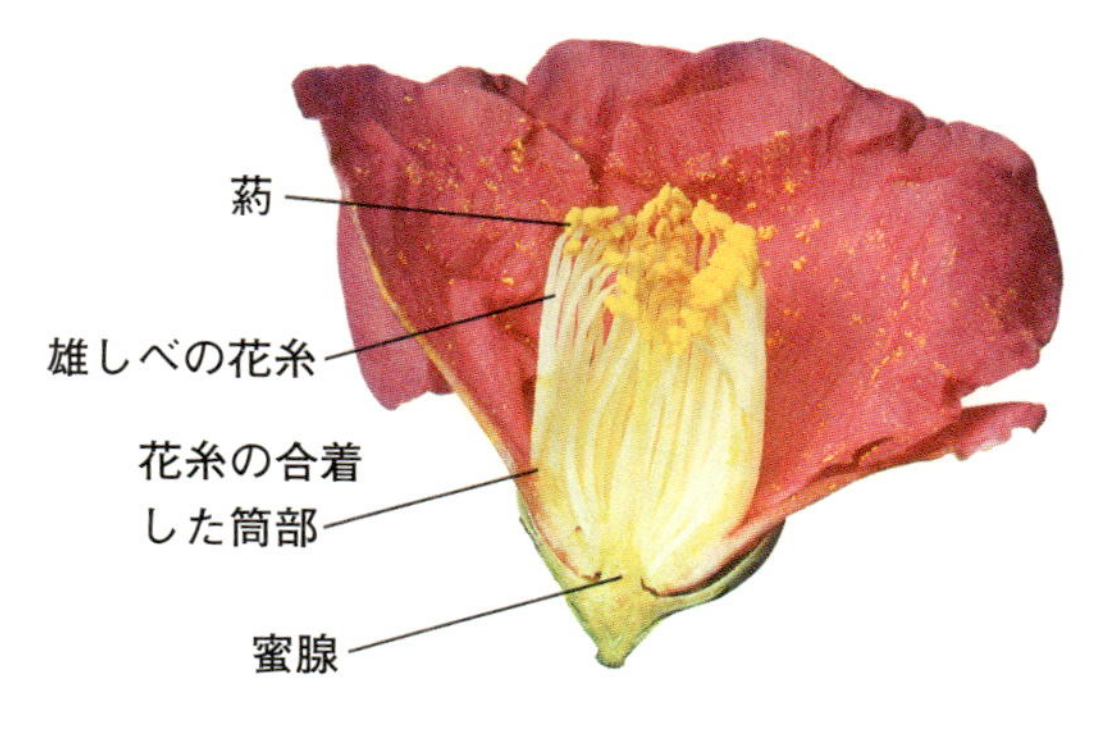

ツバキの花の断面。雄しべは基部でくっついて筒状になる。蜜は筒の底にたまり、鳥が蜜を吸うと花粉が鳥の顔につく。

は、花の蜜を主食にしている鳥がいて、それぞれ蜜を吸うのに適した嘴(くちばし)や舌や行動を進化させている。これらの地域では鳥媒花が進化した。

アメリカ大陸では、サルビアやポインセチアの花にハチドリが飛来して停空飛翔をしながら蜜を吸い、花粉を運ぶ。チリの国花ツバキカズラの花は、なんとツバキにそっくりだ。日本では**マルハナバチ**が花粉を運ぶ紫や淡黄色のオダマキの花も、ハチドリが蜜を吸う北アメリカでは真っ赤な色の種類に置き替わる。

ほかにもキダチアロエ、ザクロ、ツキヌキニンドウ、デイコなど、本来は鳥媒花であった赤い園芸植物の花たちの、なんと身近に多いことか。

蜜をめぐる経済摩擦

花と鳥の間にも経済摩擦(?)がある。

花がつくり出す蜜は、本来は植物が自分の成長に回すべき同化産物である。当然、気前よくは配れない。とはいえ、もし、花が蜜量をケチれば、鳥はカロリー要求を満たすために多くの花を回らなければならなくなる。花を回ることによるカロリー消費が、花から得られる蜜の報酬を上回れば、鳥は花に見切りをつけるだろう。そうなれば、花は倒産だ。

　それでは、うんと気前よくしてみてはどうだろう。鳥は喜んで花に来るだろう。だが、少数の花で満腹してしまった鳥は次の花に移動しようとしないだろうし、それでは花粉は運ばれない。

　花にとって最適な蜜量とは、鳥のカロリー消費を少しだけ上回る量なのである。花は絶妙に蜜量を調節し、鳥に次々と花をめぐらせて効率よく受粉させるのだ。

　余談だが、ある種のハチドリでは、雄が花の咲く木を縄張り中に占有し、雌は交尾と引き換えに蜜を吸う。花の蜜はそれほど魅力的ということだ。

　花も鳥もしたたかだ。そしてそんなしたたかさこそが、華麗な赤い花を生み出した進化の原動力なのである。

ビワの花の蜜を吸うメジロ 花は冬に咲き、蜜が豊富で、メジロがよく訪れる。

ウメにメジロ 「梅に鶯」は誤解で、梅にくるのはメジロ。赤い萼は鳥へのサインだ。

キダチアロエ 南アフリカ原産でタイヨウチョウが送粉。日本ではメジロが訪花する。

カンザクラとヒヨドリ 交配種で、片親のカンヒザクラは台湾原産の鳥媒花である。

鳥が花粉を運ぶ花（鳥媒花）

ツバキカズラ　南米チリの国花。フィレシア科のつる植物でハチドリ媒花。

ウキツリボク（アブチロン）の蜜を吸うハチドリ。南アメリカ原産のハチドリ媒花。

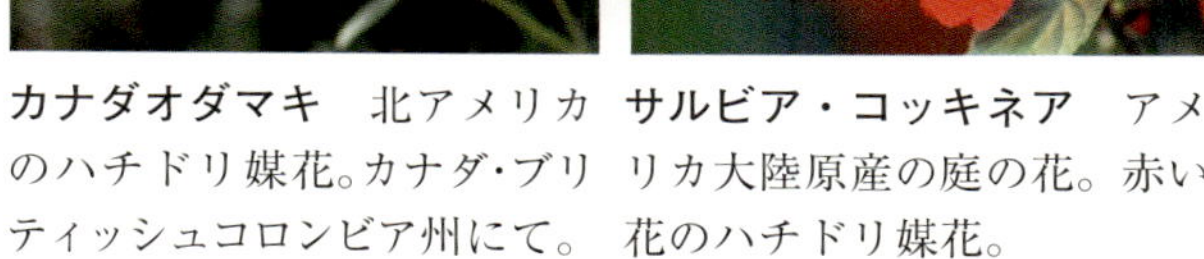

カナダオダマキ　北アメリカのハチドリ媒花。カナダ・ブリティッシュコロンビア州にて。

サルビア・コッキネア　アメリカ大陸原産の庭の花。赤い花のハチドリ媒花。

フキノトウの男女交際

早春の希望のように萌え出る浅緑の愛らしいフキノトウ、
そのフキノトウにも男女交際の悩みがある⁉
ふっくらしたふくらみに隠された性の葛藤……。

早春のほろ苦さ

雪の消え残る斜面にいち早く芽吹く、フキノトウ。優しい黄緑色の膨らみに、春の生命が宿っている。

フキは日本の野山に生えるキク科の**多年草**で、長い葉柄（ようへい）を野菜とする。早春に咲くその花が「フキノトウ」だ。まっ先に春を告げる使者として、フキノトウは古くから人々に親しまれてきた。

フキノトウは香り高くほろ苦い早春の味覚としても珍重される。湯がいて刻んで酢味噌で和えたり、姿のまま天ぷらにしたり（塩で食べると香りが生きる）……。極めつきは、細かく刻んで油で炒め、みりん、味噌を加え、弱火で炒めて練り上げたフキノトウ味噌。あつあつご飯にのせれば、何杯でも食が進むこと請け合いだ。

野生のフキは、ちょっと郊外に出れば道端や川べりなどに見つけられる。地下茎を伸ばして増え広がるので、群生していることが多い。野菜として栽培されているものに比べて葉柄は細いが味や香りはそれに勝る。北海道や東北地方には、全体に巨大になる変種のアキタブキがあり、フキノトウもやたらでかいが味や香りは遜色ない。あえて違いを探すなら、ひたすら食べ甲斐があることくらいだろう。

都会に残された緑地にもフキノトウを見つけることがある。山手線の土手にもそんな場所があるが、もちろん手は届かず、車窓から眺めて楽しんでいる。

枯葉の間から覗く明るい黄緑のフキノトウ。

ふっくら顔を出したフキノトウ。山菜として食べごろ。

少しトウが立って花が咲いた。これは雄株だった。

すっかりトウの立ったフキノトウ。写真は雌株で、このあとさらに背が伸びて、冠毛を広げた実を風に飛ばす。

えっ？　雌に雄花が？

フキは**雌雄異株**（しゆういしゅ）の植物である。その花であるフキノトウにも、じつは「雄」と「雌」がある。「雄」のフキノトウは、乳白色をした星形の花びらをもつ小さな雄花が多数集まってできている。雄しべの黄色と花びらの乳白色から、遠目には全体にクリーム色に見える。星形をした雄花は、その筒部に多量の蜜をためて虫を呼ぶ。暖かな日和には、ようやく活動を再開したハナアブやハエが甘い蜜と栄養たっぷりの花粉を目当てに訪れる。「雄」のフキノトウの魂胆は、虫の体に花粉をつけて首尾よく「雌」のもとに運ばせることだ。

一方、「雌」のフキノトウは、大多数が白くて細い雌花からできている。遠目には、白くて繊細な印象を受ける。雌花には、花粉もなければ蜜もない。虫にとって何の報酬もないのである。これでは虫は花に寄りつかないではないか。そこで「雌」のフキノトウは雌花の間に少数のダミー雄花を紛れこませている。

ダミー雄花は雄花と同じく星形の花びらをもち、やはり多量の蜜を出す。ダミー雄花にも見たところ雌しべや雄しべが存在するが、そのどちらも性的には機能していない。虫を呼びこむためだけに生まれた、哀しいピエロの花なのだ。

「雄」から「雌」へと、虫によって花粉が運ばれると、雌花はめでたく実を結ぶ。「雌」のフキノトウは徐々に高く30〜50㎝ほどに茎を伸ばす、つまりトウが立つ。そして季節が春から初夏へと移り変わる頃、茎の頂は白い**冠毛**をつけたふわふわのタネでいっぱいになる。パラシュートをつけたタネが風に乗って飛び立つと、フキノトウは生殖器官としての役割を全うしてくずおれる。

「雄」のフキノトウも、花後には背丈が20㎝くらいにまで伸びる。だが、それで終わりだ。花粉を虫に託せば、もう雄には用がない。「雌」からタネが白い冠毛を徐々に広げて飛び立っていく傍らで、「雄」のフキノトウは茶色く枯れてしまう。

植物は両性具有が基本

動物である私たちは、雄と雌という相対する存在を当たり前のことのように思

♂のフキノトウ

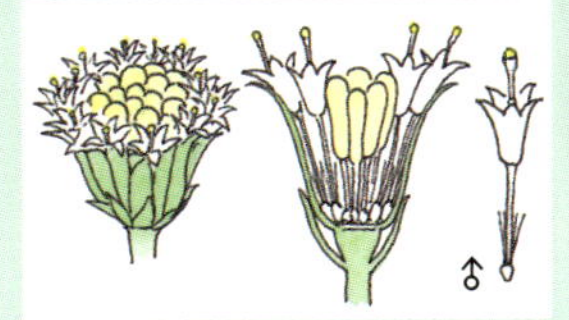

雄花序（上）と頭花（左上）。
頭花は星形の小花からなる。

♀のフキノトウ

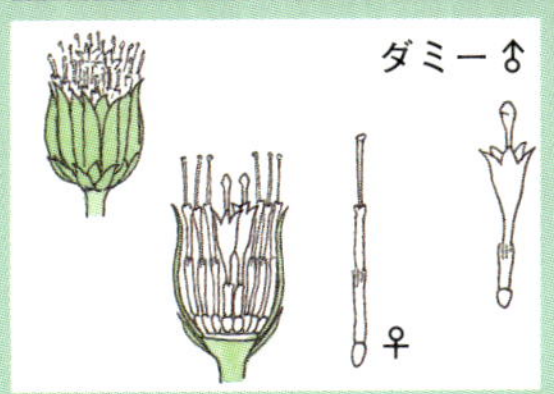

雌花序（上）と頭花（左上）。
星形のダミー雄花が混じる。

枯れた雄花序。雄花は花粉を虫に託せば用済みだ。

背の伸びた雄花序。雄花序は遠目にも華やかに見える。

めでたく実を結んだ雌花序。白いわたげで風に飛ぶ。

背の伸びた雌花序。葉も伸びてきて大きくひろがる。

っている。だが、地球上の植物の大多数は、動物と違い、ひとつの花あるいはひとつの体の中に雌と雄の器官が同居する「両性具有」である。フキのような雌雄異株植物は少数派なのだ。

「両性具有」が植物で進化した背景には、自由には動けない、という植物ならではの事情がある。動物はみずから行動して異性を求め、交わることができる。だが、植物は何か動くものに花粉を託すか、または（いざとなれば）自分自身を性の相手にして交わり、子をつくらねばならないのだ。

自分自身を相手に交配することを**自殖**という。自殖には、花粉の運搬を風や虫に頼らなくても、また性のパートナーが得られなくても、単独で種子をつくれる、という利点がある。だから、積極的に自殖を行う植物も少なくない。特に雑草といわれるような植物には自殖を推進する植物が多い。みずから**同花受粉**を行うツユクサ（春夏篇・120ページ参照）やナズナ（188ページ参照）などはその典型だ。

だが、自殖には重大な欠点がある。極端な**近親交配**であるために、奇形や遺伝性疾患、発育不良、病弱などといった血統の虚弱化（**近交弱勢**（きんこうじゃくせい）という）が生じやすいのだ。

自殖を進めるか、避けるか。避ける方向に舵をとった植物たちは、自分の花粉を生理的に拒絶する仕組み（**自家不和合性**）や、雌雄で成熟時期をずらす仕組み（**異熟性**：雄が先に熟す雄性先熟と雌が先に熟す**雌性先熟**とがある）など、多様な仕組みを開発してきた。中でも**雌雄異株**は、自殖の可能性を完全否定する最も強硬なシステムといえよう。

雌雄異株の植物として知られているものに、イチョウ、ソテツ、ヤマモモ、ヤナギ、ポプラ、アオキ、サンショウ、キンモクセイ、ヒイラギ、クロガネモチ、ソヨゴ、ジンチョウゲ、カラスウリ、キウイフルーツ、ヤマノイモ、スイバなどがある。意外と知られていないのは身近な野菜のアスパラガスやホウレンソウだ。アスパラガスの場合は雄株の方が収量が高いので、畑には雄だけを選んで植えるという。逆に、ホウレンソウではトウ立ちが遅くて株が大きく育つ雌の方が好まれるとか。植物の男女問題も、けっこう奥が深い。

フキの雄花序に集まるハエ。餌の乏しい早春に咲くことで、客を独占する作戦だ。さらなる餌を求めて、ハエは雌花序に飛んでいく。

→こうして雌株には実がみのる。頭花ごとに蛇の目傘のように丸く集まり、わたげのタネが飛ぶ順番を待つ。

↑冠毛をつけたフキのタネ。タネの部分は長さ２㎜で軽い。

巨大な葉をつけるアキタブキ。東北地方と北海道の多雪地帯に分布する変種で、葉は直径２ｍ、葉柄も直径10㎝になる。アイヌ民族のコロボックル伝説はここから生まれた。

アキタブキのフキノトウ。葉が大きければフキノトウも大きい。トウが立って実が熟す時期には高さ１ｍになる。

80年間泣き別れ

さて、こうして動物に似た性のシステムをもつに至った雌雄異株植物、ときには雌と雄が泣き別れ、なんてコトも起こったりする。

18世紀の日本を訪れてはじめてアオキを見たイギリス人は、美しい赤い実をつけた斑入り株だけを選んで母国に持ち帰った。今にして思えばどれもこれも雌株だったわけだが、イギリス人たちはそんなことは露ほども知らない。当然のことながら、翌年以降、あれほど美しかった実はひとつも実らなかった。

氷河期に国土全体が氷河に覆われたことにより、もともと**常緑樹**というものがほとんどなかったイギリスでは、それでもアオキのつややかな葉に観賞価値を見出し、ずっと挿し木で増やし続けながら観葉植物として愛好していた。待望の赤い実がなったのは約80年後。日本までわざわざ迎えに来てもらった雄株が、ものものしい軍艦に乗せられ、丁重にイギリスに運ばれて以後のことだった。

中国原産のジンチョウゲも、日本では花は咲くが実はならない。日本に渡ったのが雄株だけで、それを挿し木で増やしてきたからだ。キンモクセイやシダレヤナギもほとんどが挿し木で増やされた雄株である。

人が繁殖を助ける園芸植物ならまだしも、野生植物に同じことが起これば存続にかかわる一大事である。

以前、伊豆のヤマモモ自生地で雄の比率が減少し、その影響からか雌株の結実率が低下していると懸念されたことがあった。ヤマモモは常緑で公害にも強い上に樹形がよく整うので都会でもよく植栽されるが、街路樹や公園樹としては熟した実が落ちて地面を汚すことのない雄株の方が雌株より需要が高い。このため、自生地から雄株が選択的に運び去られたのである。ヤマモモブームが一段落し、畑で苗を育てるようになった現在は、懸念も薄れたようだ。

でも都会の片隅に残されたフキには哀しい事態が起こっている。雌でも実を結ばないのである。緑地が減って雄と雌が孤立し、花粉が運ばれなくなったのだ。

春の使者フキノトウ。優しい膨らみの中にも、植物たちの苦労の多い性生活が包みこまれている。

アオキの実(左)、雌花(右上)、雄花(右下)　花はチョコレート色で早春に咲き、小型のハエやキノコバエが訪れる。

イチョウの実(左)、雌花(右上)、雄花(右下)　花期は4月中旬（東京都内）。花粉は風に飛んで雌花に届く。

雌雄異株の植物

キウイフルーツの雌花（左）と雄花（右）　雌花にも形骸的な雄しべはあるが機能不全で結実能力はないとされる。

日本のものは雄株だけ

シダレヤナギ　中国から枝が長く垂れる雄株を運んだ。

キンモクセイ　中国から花つきのよい雄株を運んだ。

ナズナの離れ業

七草(ななくさ)、なずな、ぺんぺん草……。
人々に親しまれてきた雑草の生涯は、波乱に富んでいる。
小さく愛らしい雑草に、さらに隠された意外な一面が……。

七草なずな、ぺペンのペン

ぺんぺん草という呼び名で親しまれる小さな草。アブラナ科の**冬一年草**で、道端や畑の雑草としておなじみだ。早春に咲く白い小さな花はよく見れば愛らしく、ナズナ（薺）という名も、愛でる菜という意味の「撫で菜(なでな)」に由来するという。

民家の屋根が藁ぶきであった時代には、「屋根にぺんぺん草が生える」といえば、斜陽を象徴する慣用句であった。

一方で、ナズナは春の七草のひとつとして知られ、また薬草として用いられてきた。春の七草は、「せり、なずな、ごぎょう、はこべら、ほとけのざ、すずな、すずしろ、これぞ七草」。ごぎょうはハハコグサ、はこべらはハコベ、ほとけのざはコオニタビラコ、すずなはカブ、すずしろはダイコンのことである。

七草としては、冬から早春のまだ花茎が立つ前の若い苗を採取する。地面に広がる葉がバラバラにならぬよう、根元から小鎌かナイフで掻き採るのがコツ。葉はみずみずしく、鮮かな緑が目にしみる。茹でて細かく刻み、数滴の醤油をたらして口に入れると、ふわーっ、透きとおるような香りとほのかな甘みが頭のすみずみまで一気に広がる。

正月七日の七草粥(ななくさがゆ)もナズナが主役。ナズナだけを用いる地方もある。お浸し、ナズナ飯、ごま和えも美味しい。鉄分を豊富に含み、栄養価も高い。

七草粥の風習は、もともと平安時代の頃に中国から伝わったもので、その年の無病息災を祈願する意味が込められている。江戸時代には、古くから農村で行わ

春の野原に咲くナズナ。

ナズナのロゼット　冬の間は地面に低くはりついたロゼットの形で過ごす。魚の骨のような形の葉が特徴的だ。

正月の田んぼで七草を摘む。小鎌で地面にはりついたロゼットを掻き採るのがコツ。

春の七草の市販品。近年はコオニタビラコが激減し、七草全種を摘むのは難しい。

れていた豊作祈願の行事である「鳥追い」とも結びつき、広く庶民に浸透した。人々は正月が明けると野に出て春の七草を摘み、七日の朝はどの家でも「唐土の鳥と日本の鳥と渡らぬ前に七草なずな……」と囃子歌を唱えながら七草を叩き刻んだものだった。今でも農村部や離島にはこうした伝統文化が、細々ではあるが息づいている。江戸や大阪の町ではナズナ売りが声高に売り歩き、「なずな売り元はただだと値切られる」（なるほど！）などという川柳も残されている。

薬用としては、全草を干して利尿、解熱、内臓の止血などに用いる。中国の一部では食用・薬用として古くから栽培もされているという。

田畑や道端にありふれているナズナも、人里を離れると途端に姿を見かけなくなり、山奥にはまず見ない。このことから、ナズナは古い時代に農耕文明に付随して中国から渡来した**史前帰化植物**だと考えられている。分布は広くヨーロッパに及び、英名はハート形をした実の形から〝シェパーズパース（羊飼いの財布）〟。学名の種小名 bursa-pastoris も同じ意味のラテン語である。

風に踊るハート形の実は愛らしい。ペンペングサの名は、この実の形が三味線のばちに似ていることに由来するといい、昔はシャミセングサとも呼んだ。この実を、茎に沿うように一皮残して次々に引き下ろし、耳元で振ると、シャラシャラ……、かわいらしい音が響く。今でもナズナをガラガラ、ネコノピンピンなどと呼ぶ地方もあるが、こうして玩具代わりに遊んだことによるのだろう。

二次元のロゼット

ナズナは、短くも波乱に富んだ一生を送る。

晩春に散った種子の多くは秋を迎えて目を覚ます。冬を前に、幼いナズナは放射状に広げた葉を地面にぺったりとはりつかせた形に育つ。**ロゼット**と呼ぶ生活型である。吹きすさぶ寒風の中、斜めに傾いだ陽光を浴びてかすかに温もる地表面。その限られた二次元の生存空間に、ナズナは葉を広げ、**光合成**を行う。そして厳しい季節の合間を縫って、わずかずつだが成長を重ねるのだ。その半生は、耐えて力を蓄えることに費されるといってよい。

そして待ちに待った春の気配。ナズナはいち早く春の到来を察知すると、一気

ナズナの花序　花は外から内へと順に咲いてはハート形の実を結ぶ。茎のてっぺんではつぼみが次々につくられている。

ナズナの実と種子　ハート形の実は、触れるとたやすく分解して種子をこぼす。

同花受粉　雌しべに近い４本の雄しべはみずから動いて花粉を雌しべになすりつける。

ナズナのペンペン　ナズナは楽しい遊び道具にもなる。ガラガラをつくって鳴らしてみよう。かわいい音が鳴るよ。

に三次元成長に転じる。ロゼットの中心部の成長点は力強く分裂を始め、天に向かって花茎を伸ばす。あとは子孫を残すという目的に向かってまっしぐら。小さな花を次々に咲かせ、咲き終えるそばから実を結ぶ。冬の間に達成したロゼットの大きさが、最終的な種子の数を支配する。冬に耐えて大きく育ったものほど、いま多くの種子をつくり出すことができるのだ。

木々が葉を広げ、花々が次々に咲き競う頃、ナズナは早々と野の舞台から姿を消す。葉や地下茎や根に蓄えていたエネルギーの最後の一滴までも余さずに種子に詰めこむと、ナズナは数カ月の短い命を終える。精一杯の種子をあとに残して。

耕運や刈り取りのタイミングによっては、秋のうちに花や実をつけたり、春になってから芽を出して花や実をつける株も見られる。畑の雑草という立場にすれば、他と同調しない季節選択が生き残る幸運につながることもある。

切迫した事情ゆえの秘策

ナズナはアブラナ科　花びらは4枚。雄しべが6本でうち4本は長く2本は短いのは、**4強雄しべ**（4強雄蕊）といってアブラナ科に共通する特徴だ。

花には主にハナアブの仲間が甘い蜜に誘われて訪れる。しかし、早春の天候は変わりやすい。おまけにハナアブは気まぐれだ。来訪はお天気次第の気分次第。花粉の専属運搬手として委託するにはちと信頼性が低い。

そこでナズナは秘策を練る。咲いてから時間がたつと、長い4本の雄しべは雌しべの柱頭にゆっくりと近づき、みずから花粉をなすりつける。積極的に**同花受粉**（同じ花の中で受粉すること。自家受粉の一型）を行い確実に実を結ぶのだ。

虫の助けを借りずとも確実に実を結ぶことができるようになったナズナは、雑草として天賦の能力を獲得した。周囲の環境や天候に左右されず、常に高い受粉率を保って多くの種子を生産する能力である。

ナズナの種子は空地ができればいつでも芽を出すが、これは都市部へ進出するには欠かせない能力である。都市という不確定要素の高い人為環境では、決まった時期にまとまって芽を出すことは一斉破壊に巻き込まれる危険が高いからだ。秋にナズナの花を見ることがあるのは、このためだ。

ノゲシ（キク科）　タンポポに似た花が咲く。葉をちぎると白い汁が出て味は苦い。

ハルジオン（キク科）　北米原産の外来種で、根の断片からも芽が出て増える。

イヌガラシ（アブラナ科）　春から夏に、ナズナに似て黄色い小さな花を咲かせる。

ヒメムカシヨモギ（キク科）　北米原産。ロゼットは端麗だが、花時は薄汚く伸びる。

冬の野原のロゼット図鑑

メマツヨイグサ（アカバナ科）北アメリカ原産で、夏の夜に黄色い花を咲かせる。

タビラコ（コオニタビラコ、キク科）春の七草のひとつでほろ苦い。農薬の影響で激減。

アキノノゲシ（キク科）　秋には高さ１mになり淡黄色の花が咲く。レタスと同属。

オオアレチノギク（キク科）大柄な帰化雑草。花は夏なので田んぼでは実を結べない。

ところで、同花受粉にも欠点はある。**近親交配**の弊害である。虚弱な子が生じたり、子の遺伝的なバリエーションが乏しくなりやすいのだ。だが、一年草であるナズナの場合は、子の質よりも子の確保が先決だ。この切迫した事情と、ハナアブという虫への信頼度の低さが、近親交配の弊害を差し引いてもなお同花受粉を推進する方向にナズナの天秤を押し下げたのだろう。

最近、ナズナの驚くべき新事実が報告された。水で湿ったナズナの種子は粘着物質を分泌し、これに誘引された線虫を捕えて殺し、その死体を栄養源として発芽成長するというのだ。別の言い方をすれば、線虫をおびき寄せて殺し、挙句、その死体を「食べて」自分の栄養にしてしまうというのである！

菌類では、土壌中で**菌糸**が輪をつくって線虫を絞め殺して栄養源としている種類が知られている。それと同じようなことを、かわいい顔をしたナズナがやっているというのか。

厳しい冬を耐え抜いて輝く春に花咲くナズナ。その命の陰に冷酷な殺戮行為を隠しつつ、可憐な純白の花は自己完結の性をひっそりと営むのである。

スギナのサバイバル術

つくし、誰の子、すぎなの子……。
そう歌われるスギナは原始的なシダ植物、正真正銘の「生きた化石」。
3億年前から連綿と受け継がれてきた生き残り術を探る

ツクシとスギナはどう違う？

土手にツクシが顔を出した。春はもう、すぐそこだ。

ここ数年、ツクシ摘みはわが家の恒例行事になっている。都会の喧噪（けんそう）からしばし離れ、子どもたちと賑やかにおしゃべりしながら摘み歩く。里の田んぼにはレンゲソウが咲き始め、上空ではトビがピーヒョロローと鳴きながらゆったりと弧

ツクシの群生。

を描く。穏やかで幸せな時間である。

だが、幸せのあとには労働が待っている。つい摘みすぎてしまったツクシの山の前で、親子して夜なべでハカマ（ツクシの茎にぐるっと段をなしているかさかさした部分）を取ることになるのである。

ハカマを取り除いたら水で洗う。頭の部分はやや苦く、煮汁が濁るので、料理によっては茎だけを使う。私のおすすめ料理は、丸ごと軽く油で炒めてから醬油と砂糖をさっとからめるツクシのきんぴら。焦げた醬油の香ばしさとかすかなほろ苦さが、絶妙な歯触りと相まって、箸休めにも酒の肴にも最高だ。茹でて和えもの、卵とじ、汁の実などにもする。

正しくは「ツクシ」という名の植物はない。「スギナ」というシダ植物の**胞子**をつくる器官、いうなれば生殖担当部門が「ツクシ」である。ツクシが顔を出すと、やや遅れて緑色のもしゃもしゃした枝が萌え出てくるが、これがスギナの本体かつ栄養担当部門である。

スギナは一見、杉の枝に似て見える。それで、杉菜という。別説に「継ぎ菜」

がなまったものともいう。これは昔の子どもの遊びに由来するという説だ。スギナを引っ張ると節の部分ですぽっと抜けるが、それをまた元に継ぎ、「さて、どこで継いだか、わっかるかなー」と当てっこするのである。ツクシでも同じ遊びができる。

顕微鏡でのぞいてみると

スギナは仲間のトクサとともに、シダ植物の中でも原始的な一群とされている。植物界のシーラカンスといってもよい。つまり「生きた化石」である。今でこそ掌（てのひら）サイズだが、古生代石炭紀には高さ30ｍもあるご先祖様が林立していた。巨大トンボやゴキブリが陸の王者だった、約３億年前のことである。

シダ植物であるスギナは、種子ではなく、胞子で増える。若いツクシの頭部をよく見ると、六角形をしたタイルのような構造（植物学用語では胞子嚢という）でびっしり埋められている。成長するにつれてタイルのすき間は徐々に開き、完全に成熟すると緑色の粉が舞い散るようになる。この緑色の粉が抱子だ。

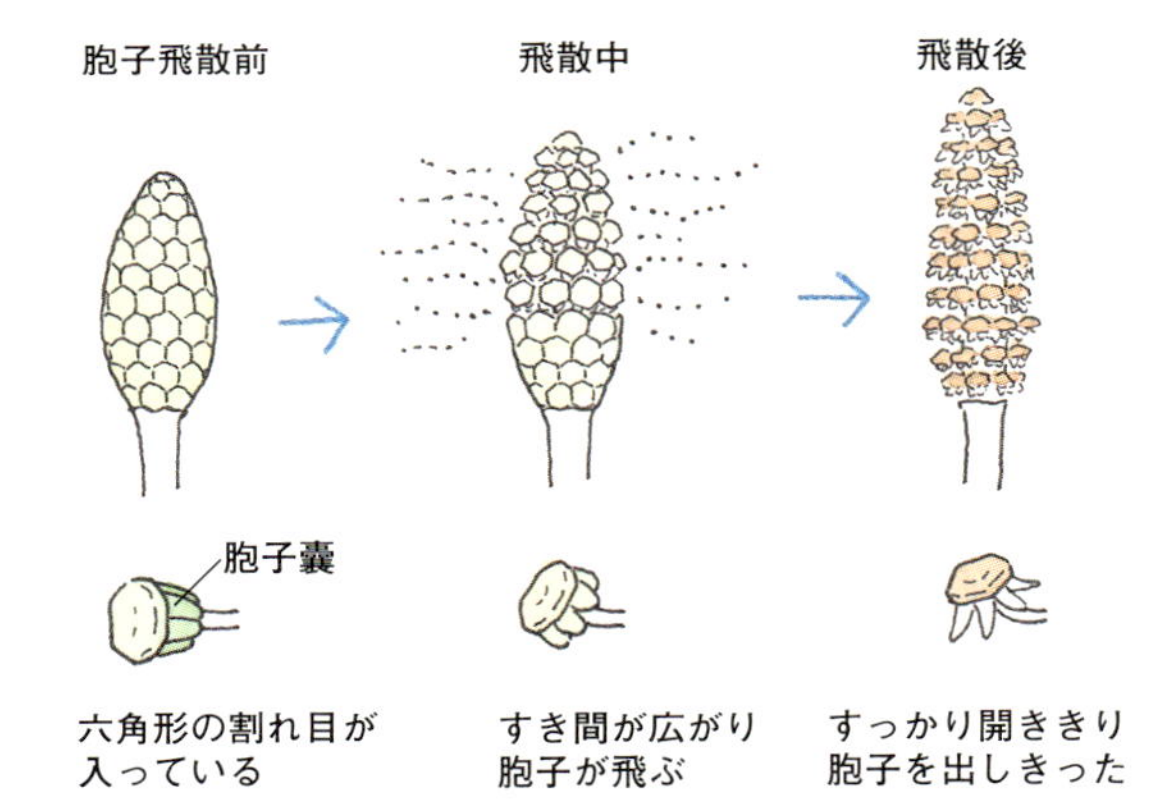

六角形の割れ目が入っている

すき間が広がり胞子が飛ぶ

すっかり開ききり胞子を出しきった

イヌスギナ（p211に写真）の胞子が飛ぶようす。頭をおおうタイルのすき間から、腕を広げた胞子が風に飛ぶ。

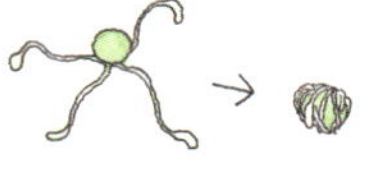

鼻息でくるくるっと丸まってしまう

スギナの生活環

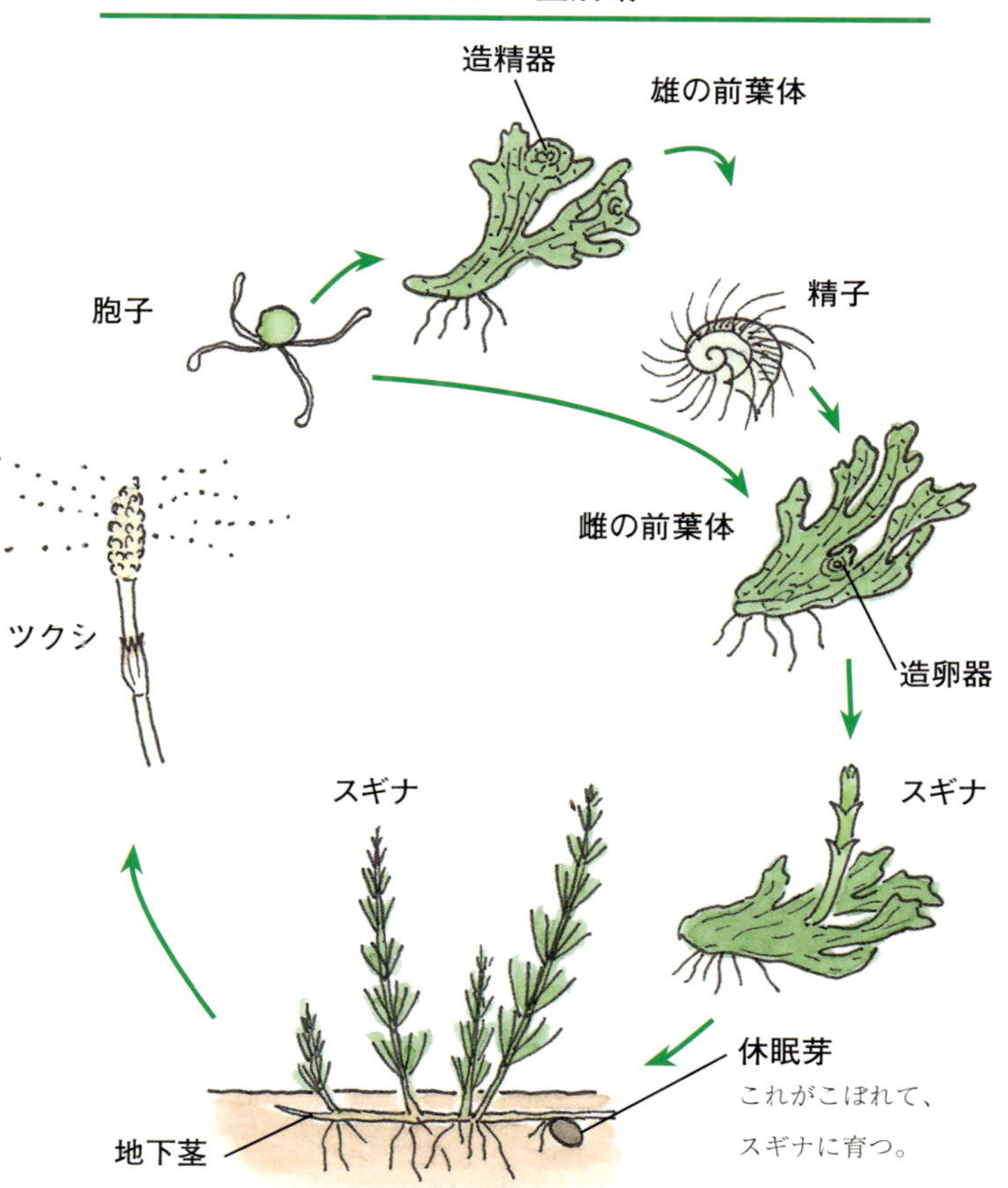

胞子を顕微鏡でのぞいてみた。ルーペ程度ではわからないが、顕微鏡で観察すると丸い胴体に4本の腕があって四方に伸びている。

その形のおもしろさに熱中して顕微鏡をのぞいていたら、突然、胞子はくるくると毛糸玉のように丸まってしまった。「あれれ」と思うまもなく、また腕がするすると伸びてくる。丸まったり、広がったり。その腕の動きに応じて、胞子の本体もぽこぽこと飛び跳ねる。まるで鍋の中のポップコーンを見ている気分だ。

スギナの胞子が四方に出している腕には、ちょうど乾湿度計のように、湿ると丸まり、乾くと伸びて広がる性質があるのだ。のぞいた拍子に腕が丸まってしまったのは、じつは私の鼻息がかかって湿ったためだった。

晴れた日、胞子は伸ばした腕いっぱいに風を受け、新天地へと旅立っていく。

シダ植物のライフサイクル

胞子の数は膨大である。1本のツクシに、な、なんと200万個。だが数の多さが厳しい生存競争の裏返しなのは、生物界の基本原理。胞子の行く末には、厳しい試練が待ちうけている。

胞子は湿った地面にうまく落ちると芽を出す。だがスギナの形に育つのではなく、まず、ゼニゴケによく似た**前葉体**（ぜんようたい）というまったく別の姿に育つ。前葉体のつくりは簡単かつ平面的で、**葉緑素**をもつ細胞が平たく広がり、**仮根**（かこん）と呼ばれる水を吸うための毛のようなものが下面から生えているだけである。前葉体には雌と雄があり、成長するとそれぞれ**造卵器**、**造精器**をつくり、ここではじめて卵と精子がつくられる。

シダ類の精子は、植物でありながら運動性のある繊毛（せんもう）をもち、前葉体上の造精器から、やはり前葉体上にある造卵器でつくられた卵へと泳いで移動する。泳ぐ、というからには当然、水中を移動する。たいていは雨が降って水たまりができるとはじめて、逢瀬がかなう。

こうして結ばれた受精卵から、前葉体の体の上で、より進化した葉や根をもつスギナの体（**胞子体**）が育ち始める。役目を終えた前葉体が枯れて、「スギナ」はようやく独り立ちをする。

茎を引っ張ると、ハカマの部分ですぽんと抜ける。

スギナの茎ごとに角の部分には多量の珪酸（シリコン）が含まれている。

ツクシに遅れて杉の葉のような姿の栄養茎（スギナ）が伸びる。スギナの体は大半が茎と枝で、光合成も主に茎で行われる。茎や枝は多数の節に分かれ、節の部分に薄いささくれ状の葉がつく。中心の茎では葉がつながって筒状の「ハカマ」となる。

涼しい朝には、スギナの茎や枝の先にきらきらと水滴が輝く。葉の先端から水を出して根の吸水を助けるのだ。

スギナの仲間

イヌスギナ　スギナの上にツクシがついているような姿で、明るい湿地に生える。

トクサ　多量のシリコンを含んで紙やすりのようにザラザラする。庭に植える。

前葉体という段階を経て卵や精子がつくられて受精に至る生殖の仕組みは、すべてのシダ植物に共通する。とはいっても、その過程や形態は少しずつ異なり、高等なシダ類では前葉体は普通、縦横数㎜ほどのハート形で、透きとおるほどに薄い。薄い前葉体は水分を失いやすい上に、簡単な構造の仮根しかもたないため、乾燥に対して極端に弱い。シダ類が湿った場所に多いのは、このためでもある。

植物の歴史の上でも、種子植物が誕生して親植物の体内で受精が行われるようになると、シダ植物は急速に衰退することになった。

シダ類の中でもスギナの形態は原始的だ。進化途上の葉はささくれ状で、**光合成**もろくに行わない。ツクシの「ハカマ」も葉である。細い葉のように見えている部分はじつは枝であり、茎とともに葉緑素をもち緑色をしている。光合成はほとんどの割合が茎や枝で行われているのである。

茎の**維管束**も未発達である。茎を支える役になど立たない。その代わり、スギナは茎の稜角の部分にシリコンの結晶を詰め込んでおり、それで体を支えている。植物界の豊胸術(?)なんちゃって。

仲間のトクサは茎にさらに大量のシリコンを含んで、触るとざらつく。昔はこの茎を砥石代わりに木材や金属、骨、爪などを磨いた。トクサは漢名から「木賊」と書かれることが多いが、和名の由来は「砥草」である。

ワラビは猛毒シダ

シダ植物の仲間は、種子植物に比べれば進化的には古い段階にあるとされる。というと、生き方も劣っているかのように思いがちだが、彼らの生存戦略は種子植物に負けず劣らず巧妙だ。

山菜としておなじみのワラビもシダ植物である。ただしスギナに比べればだいぶ高等で、れっきとした葉がある。日本では古くから重要な山菜とされている。

食べるには下ごしらえが必要で、ひとつまみの木灰か重曹を入れた熱湯に浸して「アク抜き」をし、水洗いしたものを煮付けやお浸し、酢の物などに調理する。独特の粘りがあって美味である。

ところが、外国にはどこにもワラビを食べる風習はない。ウシやウマなどの野

シダの仲間

シダ植物は種子植物よりも古い時代に生まれ、多様に進化して、現在もさまざまな生きざまを見せてくれる。

オニヤブソテツ　葉の裏面に胞子嚢群（ソーラス）がつく。その形は種ごとに異なる。

ヒカゲヘゴ　高さ最大15mになる木性シダ。奄美大島以南の亜熱帯の森に生える。

コモチシダ　葉の縁に子ども（無性芽）ができ、こぼれて増える。

アリのボディガード

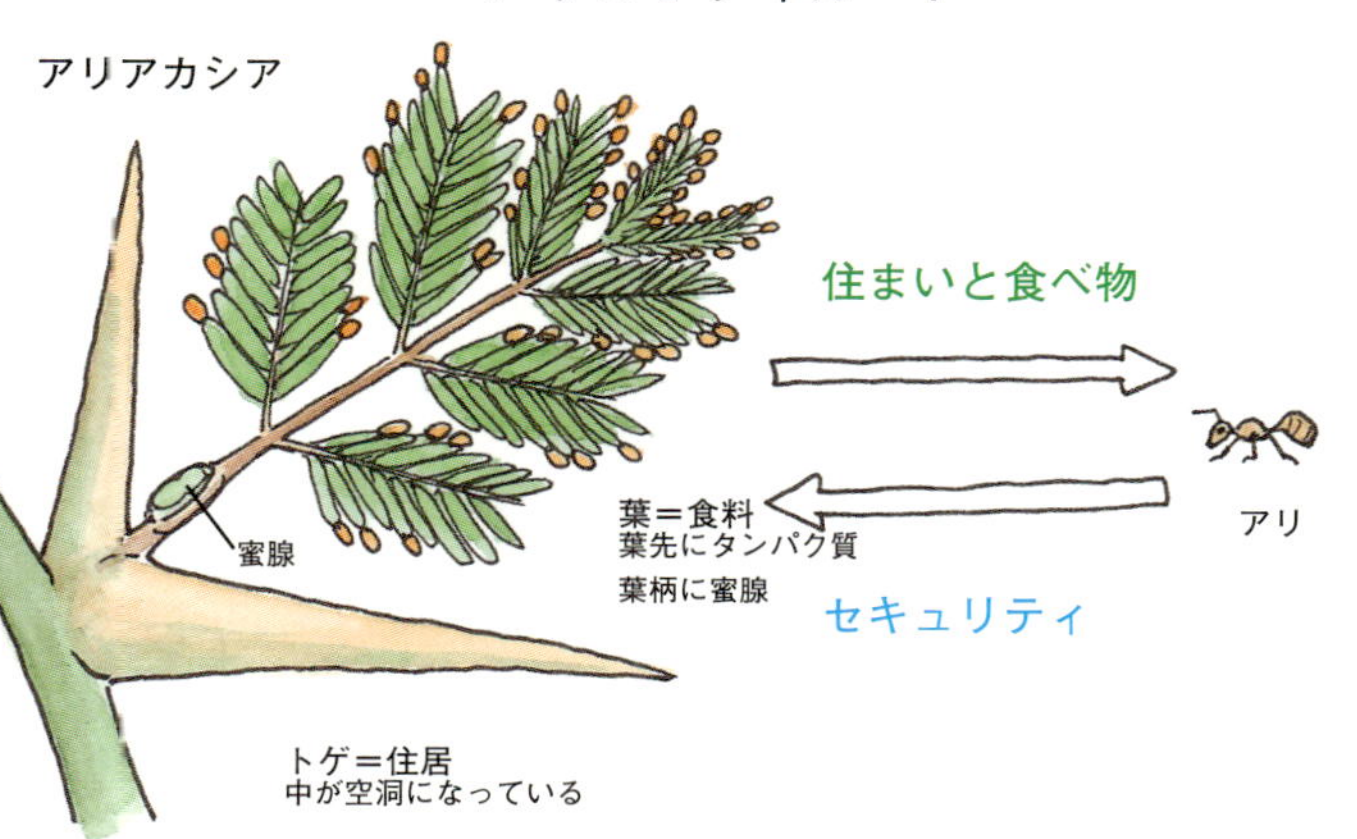

アリアカシアは中南米のマメ科の木。アリと共に生活する。

アカメガシワ　葉の基部に一対の蜜腺があり、アリが蜜をなめに忙しく集まる。

ワラビ　おなじみの山菜。握りこぶしの形をした若芽から滴る蜜にアリが集まる。

生動物も決してワラビを食べようとはしない。日本人には意外なことに、ワラビは強力な発ガン物質を含む「猛毒植物」なのだ。その物質の化学式や構造も日本人研究者の手により特定されている。

その、**プタキロサイド**という名の発ガン物質をネズミに与えると、著しい高率で乳腺や回腸、膀胱(ぼうこう)に悪性腫瘍(しゅよう)ができる。いちどきに大量投与すれば血尿や骨髄(こつずい)障害を起こして急性中毒死する。もし生のワラビをたくさん食べれば、人間だって同じ目に遭うはずだ。

最近の研究で、アルカリ下での高温処理、つまり伝統的な「アク抜き」をすることにより、発ガン物質はほぼ完全に分解されることが証明された。

今さらながら、昔の人の知恵は偉大である。ひとつひとつの知恵の陰にも、無数の試行錯誤と数限りない犠牲があったはずなのだ。そのことを思うと、私は気が遠くなるほどの歴史の重みを感じ、先人たちの積み重ねてきた生活の知恵や工夫の数々に感謝の念を抱く。

アリを雇う植物たち

毒の防衛は、しかし完全ではない。たとえばワラビハバチの幼虫のように、中には毒を克服して手つかずの食糧資源を独占しようとする敵が現れるからだ。そこで、ワラビは別の手を使う。若芽に**蜜腺**（みつせん）をつけ、甘い蜜でアリを誘うのだ。

アリは勤勉で攻撃的な昆虫だ。蜜の周囲をせかせか忙しく徘徊し、結果的に葉を食べたり産卵に来たりする虫を追い払う。ワラビは蜜の報酬を払ってアリを「ボディガード」に雇っているというわけだ。

葉や茎に蜜腺（花以外の場所にあるので**花外蜜腺**（かがいみつせん）ともいう）をもつ植物はけっこう多い。イタドリやカラスノエンドウでは葉の根元に蜜腺がある。サクラの仲間は葉柄（ようへい）に、アカメガシワは葉上に、それぞれ蜜腺があり、大小さまざまのアリが蜜をなめにくる。

熱帯にはアリの強力なガードを得ようと、蜜に加えて住居やベビー食などさまざまな報酬までも用意し、積極的に雇用を推進（?）している植物が見られる。

このような植物を総称して**アリ植物**と呼ぶ。アリ植物は、熱帯から亜熱帯にかけて、さまざまな分類群にわたって知られている。

その一つでマメ科のアリアカシアは、葉柄の蜜腺から蜜を出し、葉先にタンパク質に富む幼虫用の餌をぶら下げ、トゲの内部を空洞にしてアリを住まわせている。アリの方も、自分たちの唯一無二の宇宙であるアリアカシアの木を大切に守る。葉を食べに来た虫はアリの集中攻撃を受けてかみ殺され、木に巻きつこうとするつる植物は生育の邪魔になるのでかみ切られる。アリアカシアの樹下にはほかの植物が生えないが、これは、アリアカシアの競争相手となり得る植物のどんなに小さな芽すらも、無数の小さな監視の目を逃れられなかったからだ。

植物は長い歴史を歩んできた。さまざまな環境に適応して体を構築し、生命を受け継ぎながら、この地球上で生きてきた。原始のしがらみを背負ったシダ植物ですら、3億年の時を生き抜いてきたのだ。

植物たちは闘う。生きるために手段を模索し、方策を尽くし、いつか茫洋たる時空の大波に呑まれようともその瞬間まで、植物たちは闘い続ける。

あとがき

わが家の庭でフクジュソウが早春の陽を仰いでいる。ハコべも小さな瞳を開けた。街を歩けばジンチョウゲの香り。きのうは梅が満開の小石川後楽園での観察会だったが、参加者と一緒に落ち葉をかき分けると紫褐色をしたハランの花が現れた。

ハランの花は不思議な花だ。落ち葉の下で上向きに咲く釣り鐘状の花は、雌しべが大きく広がって入り口をふさいでいるので、径2mmほどのすき間を通らないと雄しべが待つ内部には入れない。探せばピンポンボールぐらいの大きさの緑色の実もあり、琥珀色のタネがこぼれているところを見ると、きっと何者かが花粉を運んだに違いない。いったい誰が？　鼻を近づけると花はかすかにキノコのような香り。この花もまた、花粉をキノコバエに運ばせているのだろうか？

幼い私の小さな世界にも、不思議はいっぱいころがっていた。夕暮れに香るクレオメの花。触れると飛び出すカタバミのタネ。トレニアの花に馬乗りになり、花びらをかみ切って蜜を吸っていたクマバチ。葉っぱをちぎるとあるものは糸を引き、あるものは香り、あるものは汁を出した。なんでだろう？　何をしているんだろう？　なんで違うんだろう？

大学で植物学を専攻した私は、植物のさまざまな形や性質の違いや子孫を残す仕組みの不思議が知りたくて、分類学さらに植物生態学の研究室へと進んで研究に取り組んだ。

日光や富士山中腹でフィールド調査に取り組んでいた時期がある。調査とは地道な単純作業である。ただ一人黙々と、一本一本の位置を方眼紙に記し、草丈を計り、花や実を数え、花に来る虫を観察し、動物の食害や病気の発生を記録する。何回も何年も、試行錯誤の繰り返し。夕方には腰痛。クマには遭遇。驟雨の襲来。ヌカカやダニの襲来。ときには人間も要注意。

植物だけを見つめていたわけでもない。野原でじゃれ合うキツネの親子を眺め、山道でシカと鉢合わせし、ヘッドライトの中をムササビやフクロウがよぎる。山菜ラーメンや採りたてキノコ入りラーメンも美味しかったこと。私もまた、自然の一部だった。

主婦業に加えて大学講師と著述業と研究者と、4足のわらじを履いてだいぶ経つ。小学生の子どもたちと一緒に外で遊びながら、私も小さいアリス（?）に戻っている。

ね、ふとした草かげにも、注意深く目を向けさえすれば、不思議の国の入り口は開いているでしょ。今度はハランの花を一緒に探してみよう。何の匂いって思うかなあ?　もし虫が花に入ってたら大発見だ!

多田多恵子

2002年2月

文庫版あとがき

本書は、2002年に㈱SCCから出した同名の単行本を、新たに二分冊の文庫本として新装出版したものです。書名は同じですが、内容を吟味して加筆修正し、写真は全面的にリニューアルしました。SCC版のもとになったのは月刊「ビッグ・トゥモロウ」（青春出版社）の連載エッセイ（1998～2000年）です。

この間に、スマホやデジカメなどメディア技術は飛躍的に進歩し、分子生物学が発展して植物の系統分類もDNAの塩基配列をもとに刷新されました。生物多様性の概念も浸透し、植物の動物や菌類との共生関係の研究も進みました。文庫本化にあたっては、こうした学問的・社会的背景や私自身の成長に沿って、新しい内容も盛り込みました。誰でも気軽に読めるよう、難しい用語は避けて平易な言葉を用いたつもりです。秋冬篇には単行本版をさらにバージョンアップさせたおまけの用語解説集もつけました。

植物の生存戦略はじつにおもしろく、人生訓として学ぶことも多々あります。企業の経営戦略とも共通点があり、生産（または搾取）と消費の収支バランスがマイナスになるような戦略は成り立ちません。したたかに、そして懸命に生きる植物たちの物語を、ぜひ楽しんで読んでください。

文庫版にも私が大好きな江口あけみさんのすてきなイラストや楽しい漫画が出てきます。花生態学研究者の田中肇さんの貴重な写真もお借りしました。日本植物友の会の山田隆彦さん、春夏篇では和田求司さんの写真も使わせていただきました。厚くお礼申し上げます。

文庫本化に際し、筑摩書房の永田士郎さんには大変お世話になりました。また、単行本出版元のＳＣＣ、生活評論家の西川勢津子さん、編集事務所ムルハウスの中村奈保子さん、宮田一さん、青春出版社の原田浩二さんにあらためてお礼を申し上げます。

これまでの道のりを振り返れば、大学時代の恩師や同窓の仲間をはじめ、立教大学や国際基督教大学、東京農工大学の同僚たち、ワイワイ学校や日本植物友の会の植物仲間、私の観察会に来てくれたみなさまなど、多くの出会いがあり、日本各地のすばらしい自然への感動があり、自然とのつきあいも興味も知識も広がりました。この場を借りてみなさまに深くお礼申し上げます。いつも温かく包んでくれた家族や友人、そして今は亡き両親にも、心から感謝しています。

愛と科学的好奇心をどうぞ植物たちに！

自然豊かな未来を願って　２０１９年　９月22日　　多田多恵子

エライオソーム用語解説

読み終わった!?　ところが、植物の世界は奥が深い。マムシグサの花なら、まだ付属体の鼠返しのあたりかも……?　この奥にあるのは雄花か雌花か?　知識の花粉にまみれてもっと奥まで進んでみれば、次々出てくる驚愕事実!?　な〜んちゃって。

要は、春夏篇・秋冬篇を通じて、本文中に書ききれなかったり簡単な説明で済ませたりした部分を、用語解説という形でつけ加えた、滋養たっぷりのエライオソーム（おまけ）。とってもお得な29ページです。

さあ、あなたは、植物の不思議世界から脱け出せるか?

【ア行】

赤の女王仮説（あかのじょおうかせつ）　red queen hypothesis

「いかなる生物も、ほかの生物が進化を遂げる限り、自身もそれに対抗して絶えず進化を遂げないと生き残れない」という仮説。現在では特に、「性はなぜ進化したか」という命題に対して、１９８０年に William D. Hamilton が提唱した、「有性生殖は、ウイルスや病原菌などの寄生者（パラサイト）への対抗進化の結果、生じてきた」とする仮説を指すことが多い。ルイス・キャロルの『鏡の国のアリス』の登場人物である赤の女王の台詞にちなんでいる。

アセトアルデヒド　acetoaldehyde

酢酸の原料、溶剤などに利用されている無色の液体で、刺激臭がある。生体内では、アルコールの分解過程で生じ、アセトアルデヒド脱水素酵素によって酢酸になり、さらに水と炭酸ガスとなって体外に排出される。アルコールを飲みすぎると分解が追いつかず血液中に流れ出し、悪酔いや二日酔いの原因となるといわれている。

アドニン　adonin

フクジュソウの全草に含まれる強心性配糖体で有毒。配糖体とは、糖類とアルコールやフェノールなどの水酸基を持つ有機化合物とが結合した化合物で、生物、特に植物に広く認められる。サポニンなども配糖体のひとつの形。また、強心性とは心臓の収縮力を高める効果のこと。

アポトーシス　apoptosis

遺伝子に組みこまれたプログラムに従い、発生や成長に伴って特定の部位の細胞が順序よく自殺していく現象。オタマジャクシの尾が消えていく過程が、これにあたる。植物にも似た現象があり、モンステラやポトスの葉が成長するにつれて穴が開くときには、葉の一部分の細胞が自殺する。ただし、植物の場合は厳密にはアポトーシスという用語は適用せず、動物に見られるアポトーシスを含めた用語としての「計画細胞死」を用いる。→計画細胞死

アリ植物　myrmecophilous plant, myrmecophyte

アリと共生関係にある植物。アリに食物や住まいを提供し、その代わりに、いわばボディガードとして、葉を食べたり汁を吸ったりする虫や動物から守ってもらう。アリアカシアやセクロピアなどが知られている。アリノスダマのように空洞の内部にアリを住まわせ、その糞や死骸を窒素栄養源として利用するものもある。葉などに花外蜜腺を持つ植物も、広い意味でアリ植物といえる。→花外蜜腺

アルカロイド　alkaloid

一般的には、植物が含む塩基性の窒素化合物の総称。たいてい猛毒だが、医薬品や嗜好品の原料になる物質も多い。

アレロパシー　allelopathy

他感作用。植物が特殊な化学物質（アレロパシー物質）を出して、周辺の生物の生育をコントロールする現象。他種の植物に対して阻害的に働く場合が多いが、促進的に働く場合（→共栄植物）や、自種に対して阻害的に働く場合もある。また、マリゴールドの持つ化学成分がネマトーダ（根瘤線虫）に効く場合のように、動物に対して働く場合も、広い意味ではアレロパシーに含まれる。

アレロパシー植物　allelopathic plant

アレロパシー物質を出す植物。セイタカアワダチソウ、クレオソートブッシュ、ヒマラヤスギ、ヒマワリ、ヒガンバナなどが有名だが、調べると意外に多くの植物がアレロパシー物質を出している。最近は農業への応用、たとえば雑草の発芽を抑制するアレロパシー植物を人体や生態系に有害な除草剤の代わりに畑に鋤き込む、果樹園の下草にアレロパシー植物を用いるなどの方法も考えられている。アレロパシー植物を見つける簡易法を次に紹介する。オオイヌノフグリ（アレロパシー物質に感受性が高いとされる）の種子を湿らせた砂を敷いたシャーレに20個以上まき、調べたい植物の断片を浸しておいた水を与えたものと、水道水を与えたものとで、種子の発芽率を比較する。発芽や初期成長に有意な差があれば、アレロパシー植物と判定する。

アンテナ色素（あんてなしきそ）　antenna pigment

集光性色素、補助色素ともいう。植物が光合成を行う際の反応中心となる色素はクロロフィルａであるが、これ以外

の色素で光を捕捉し、光エネルギーを化学エネルギーに変えてクロロフィルaに渡して光合成の効率を高める、いわばアンテナの役割を果たすものをいう。カロチノイドやクロロフィルb、c、フィコビリンなど。→カロチノイド

アントシアニン　anthocyanin
植物の花、果皮、葉などの細胞の液胞に含まれている一群の色素。別名・花青素。化学的には酸性で赤、アルカリ性で青～黄、中性で紫色を呈するが、金属イオンの存在によっても色が変わる。バラの花、カエデの紅葉、赤ジソの葉、紅イモの皮などにもアントシアニンが含まれている。ヤグルマギクの青い花（ギリシア語の花を表すanthosと、青を表すcyanos）にちなむ。

維管束（いかんそく）　vascular bundle
シダ植物および種子植物の根、茎、葉を走る束状の組織。根から吸収された水の通り路である導管を含む木部と、葉で合成された同化産物の通り路である師管を含む師部からなる。裸子植物や双子葉植物では、木部と師部の間に形成層がつくられる。→形成層

異熟性（いじゅくせい）　dichogamy
花が咲くときに、雄しべと雌しべで成熟時期をずらす仕組み。同じ花の花粉で受粉することを避ける意味がある。雄しべが先に熟す雄性先熟と、その逆の雌性先熟がある。

一年草（いちねんそう）　annual herb
発芽後、1年以内に開花、結実、枯死する植物の総称。四季のある地域では、発芽時期によって夏型一年草（summer annual 春に発芽し、冬までに開花・結実するもの）と冬型一年草（winter annual 秋に発芽した幼植物が越冬し、翌夏までに開花・結実するもの。越年草、冬一年草ともいう）とに分けている。→冬型一年草

栄養繁殖（えいようはんしょく）　vegetative propagation
植物はその体の一部から新しい個体を再生する能力を持つが、この再生力に由来する繁殖法のこと。球根、地下茎、塊茎、むかご、走出枝、根の断片から生じる不定芽、また園芸でよく行われるさし木、取り木、株分け、球根繁殖、そして組織培養などがこれにあたる。同じ親から栄養繁殖によって増えた個体は、遺伝情報が同一のクローンである。

液胞（えきほう）　vacuole
細胞の中にあって、細胞液を満たした袋状の細胞小器官。植物細胞では、細胞が古くなるにつれ容積の大部分を占め

るほどに大きくなる。液胞の中には、老廃物のほか、配糖体やアルカロイド、アントシアニンなども蓄えられている。液胞の中に水がぱんぱんに入ると細胞が膨らんで圧力（膨圧）が発生し、逆に水が出されると細胞はしぼんで容積は小さくなる。この膨圧を利用してクローバーの葉の開閉運動などが行われる。

ＡＰＧ分類体系　APG system

１９９０年代に遺伝子の本体であるＤＮＡの塩基配列を決定する技術が確立されると、植物の系統解析の研究は急速に進展し、国際協力体制のもと、長年用いられてきた従来の分類体系とは大きく異なる系統関係が明らかにされた。ＤＮＡに基づくこの新しい分類体系は、研究を行った被子植物系統研究グループ（Angiosperm Phyrogeny Group）の頭文字をとってＡＰＧ分類体系（ＡＰＧ体系）とよばれ、１９９８年に国際学術誌に発表されるや植物学界に革をもたらした。その後もアップデートが行われている。従来の植物図鑑や理科の教科書では、被子植物は単子葉植物と双子葉植物に分けられ、双子葉植物は離弁花と合弁花に分けられるとしていた。しかしＡＰＧ分類体系では、単子葉植物と双子葉植物が分かれる前に、まず「原始的被子植物（基底被子植物）」が現れ、その後で「真正双子葉植物」と「単子葉植物」が分かれて進化したとする。合弁花と離弁花の区別は意味を失った。見た目は違ってもＤＮＡでみると近縁だったり、その逆もあったりで、従来の科から新しい科に移された植物も多い。新しい図鑑や植物の本はＡＰＧ分類体系に沿って書かれている。本書も文庫化にあたり、ＡＰＧⅢ分類体系に準じて書き改めた。

エライオソーム　elaiosome

種子の端や周囲についている付属物（種枕：カルンクル）で、アリを誘引する脂肪酸や糖などが含まれているもの。

縁起植物（えんぎしょくぶつ）　fortune plant

縁起を祝う（吉事が到来するように祝い祈ること）のにふさわしいとされている植物の総称。ナンテン（難を転ずる）などのように、語呂合わせのよい名を持つ植物が多い。代表例は、マンリョウ、センリョウ、ダイダイ、フクジュソウ、キチジョウソウ、フッキソウ、ユズリハなど。

【カ行】

開放花（かいほうか）　chasmogamous flower

閉鎖花に対する言葉。一般に私たちが見ている花は開放花である。美しい開放花には昆虫が飛来し、他家受粉が行われる。スミレは、開放花と閉鎖花の2種類の花をつける植物の代表的存在としてよく知られている。→**閉鎖花**

外来種（がいらいしゅ）　exotic species
外国など、本来の生育地でない地域から人間の活動によって持ちこまれた生物種のこと。このうちで自然繁殖を繰り返し定着したものは帰化種、その地域の生態系に影響を及ぼすおそれがあるものは侵略的外来種とよぶ。これに対し、もともと日本に自生していた植物は在来種という。

外来生物法（がいらいせいぶつほう）
正式名称は「特定外来生物による生態系等に係る被害の防止に関する法律」で、外来生物法は略称。２００４年に制定、２００５年に施行された。海外から日本に人為的に持ちこまれた生物（外来生物）のうち、生態系または人の生命、農林水産業に著しい被害を与える、またはその恐れのある動植物を、特定外来生物に指定して、飼育や栽培、保管、輸入を禁止し、駆除を行うことを定めた法律。規制対象には卵や種子、器官なども含まれる。特定外来生物に指定された動物には、アライグマ、ウシガエル、ブラックバス（オオクチバス）、植物には、オオキンケイギク、オオハンゴンソウ、ボタンウキクサなどがある。

花外蜜腺（かがいみつせん）　extrafloral nectary
花の外部にある蜜腺。イイギリやサクラ、ポプラのように葉柄につく場合や、ソラマメやカラスノエンドウのように托葉につく場合、アカメガシワのように葉身につく場合、シンビジュームのように花柄の基部につく場合などがある。甘い蜜でアリを誘い寄せ、アリを歩き回らせて、カメムシやガなどの食害昆虫を追い払う意味がある。**→蜜腺　→アリ植物**

萼（がく）　calyx
被子植物の花のもっとも外側にあって、花弁を囲っている緑色の葉状のもの。中には、花弁のように大きくて、美しい色彩や模様を持つものもある。

仮根（かこん）　rhizoid
シダ植物の前葉体、コケ、藻類などに見られる根状のもので、吸収や固着の役割を果たす。ただし、維管束を持たないので根とは違う。

飾り雄しべ（かざりおしべ）　staminode
雄しべが退化したり変形したりして正常な花粉を持った葯をつけない仮雄蕊（仮雄しべ）のうち、虫を誘うために大きく発達しているものをいう。ツユクサやサルスベリの仮雄しべがこれにあたる。

仮種皮（かしゅひ）　aril
タネが実とつながっている部分の組織が肥大して、種子を包みこんだ部分。種衣ともいう。

花序（かじょ）　inflorescence
複数の花がまとまって咲いている場合の配列様式、または、花をつける茎の部分全体のこと。花のつきかたにより、総状花序（ナズナ）、穂状花序（オオバコ）、散房花序（アジサイ）、散形花序（ネギ）、頭状花序（タンポポ）、肉穂花序（マムシグサ）、隠頭花序（イヌビワ）などとよぶ。

風散布（かぜさんぷ）　wind dispersal
植物の種子散布様式のひとつで、風によって実や種子が運ばれる仕組み。**→冠毛**

花柱（かちゅう）　style
雌しべの柱頭と子房の間。柱頭についた花粉は花柱の中を伸びることになる。2型花のうち異型花柱性とは、花柱の長さが異なる2つの形の花があることをいう。**→2型花**

花嚢（かのう）　fig inflorescence, synconus
イチジク属の花で、多数の花が軸につき、その軸が肥大して花の集まりを内部に包みこんだもの。隠頭花序（hypanthodium）ともいう。果実期のものは果嚢という。

花粉塊（かふんかい）　pollinium
いわば花粉の袋詰め。ひとつの葯の中のすべての花粉が互いに粘液でくっつき、ひとつの塊となって運ばれる。ラン科、ガガイモ科に見られる。ラン科では、花粉の塊と粘着体が1セットで丸ごと花から外れてくる。**→粘着体**

花粉管（かふんかん）　pollen tube
花粉が発芽してできる管状の器官。被子植物の場合は、雌しべの中を胚珠へ向かって伸びていき、精核や花粉管核の移動通路となる。自家不和合性がある場合や、2型花で同種の花粉が柱頭についた場合などは、花粉管がうまく伸長せずに受精に至らない例が多い。**→花粉管核**

花粉管核（かふんかんかく）　pollen tube nucleus
花粉の核は花粉管の中で精核と栄養核に分かれ、栄養核はふつう花粉管核に移行する。しかし受精に直接関わるのは精核であり、花粉管核は花粉管の伸長や受精には関与しない。いわば痕跡的構造である。

可変的二年草（かへんてきにねんそう）　facultative biennial

一般に二年草とされている植物のうち、環境条件によって開花までに要する年数が変動するようなものを、可変的二年草と呼ぶ。マツヨイグサの仲間などでは、栄養が極端に乏しく成長が悪いと、開花までに数年をロゼットのまま過ごすので、2年目に開花するとは限らない。**→二年草**

果苞（かほう） fruit bract

花の基部の苞または花序の基部の総苞が、実または実の集まりを包んで、あるいは実に沿って、大きく発達しているもの。例：オナモミ**→総苞**

夏眠（かみん） aestivation

夏の高温時に活動を休止すること。植物では、ヒガンバナやフクジュソウが夏眠する。砂漠に住むカタツムリやカエルでは、数年を夏眠して過ごした例もある。

カロチノイド carotenoid

動植物に広くみられる水不溶性色素群で、カロチンがその代表。黄色～橙色～紅色の結晶をなす。化学構造から3つに大別され、構造中に酸素を含まないもの（ニンジンのカロチン、トマトのリコピンなど）、酸素が-OHの形で含まれるキサントフィル類（葉に含まれるルテイン、トウガラシのカプサンチンなど）、酸素が-COOHの形で含まれるもの（サフランやクチナシの黄のクロセチンなど）がある。植物では葉緑体に多く含まれ、光合成の際に光エネルギーをとらえて、クロロフィルに渡すアンテナ色素の役目を果たしている。秋の黄葉は、葉の中に含まれるカロチノイド（おもにルテイン）が現れて生じる。**→アンテナ色素**

冠毛（かんもう） pappus

萼の変形したもので、子房の頂端で毛状になったもの。キク科などに見られる。タンポポやアザミなどでは、風を受けて種子散布を助ける働きをする。センダングサでは逆さトゲを持つ数本のトゲに変わっている。**→風散布**

帰化植物（きかしょくぶつ） naturalized plant, plant invaders, alien plants

外国の植物が入りこんで定着したもの。荷物にくっついてきたり作物の種子にまじったりして偶然持ちこまれる場合と、園芸植物や牧草など栽培下にあったものが逸出する場合がある。**→外来種 →在来種 →天敵**

気根（きこん） aerial root

空中に露出した根で、茎や枝から伸び出すことが多い。主な働きによって、付着根、支柱根、吸水気根などとよび分けることがある。

寄主（きしゅ）　host

寄生者（parasite）に寄生される側の生物。ホスト、宿主ともいう。英語でホストとは「客人を持てなす人」の意。最近はサービス業に関連して、特殊な意味で使われることも多い。**→寄生　→寄生者**

寄生（きせい）　parasitism

動植物を問わず、ある生物（寄生者）が別の生物（寄主、宿主）の体内または体表に住み、一方的に栄養を奪い取ること。すべての栄養を寄主に依存する場合を全寄生、一部を依存する場合を半寄生という。**→全寄生　→半寄生**

寄生者（きせいしゃ）　parasite

他の生物に栄養を依存する生物。病原菌も寄生者のひとつである。最近では、人間社会にもこの概念を広く適用し「あの人は芸能界のパラサイトだ」などと表現することも。

寄生植物（きせいしょくぶつ）　parasitic plant

寄主となる植物の組織に付着したり、中に入り込んだりして、寄主植物から栄養や水を搾取しながら生活する植物。ヤドリギ、ネナシカズラ、ラフレシアなど。

→全寄生　→半寄生

擬態（ぎたい）　mimicry

生物の形、色、行動、化学成分などが、ほかの動植物もしくは無生物に進化の過程を経て似ていること。擬態には、周囲の環境である草木や石などにそっくり似せて自分を目立たなくする隠蔽的擬態と、毒のある動物や強い動物などに似せて相手を威嚇する標識的擬態がある。

忌避物質（きひぶっしつ）　repellent

昆虫や動物が嫌って寄りつかなくなる成分。虫よけスプレーはつまり、insect repellent。たとえば、ヘクソカズラが含むペデロシドもそう。植物は防衛手段のひとつとしてさまざまな忌避物質をつくりだしている。**→ペデロシド**

救荒植物（きゅうこうしょくぶつ）　famine-food plant, famine plant

山野に自生する植物のなかで、凶作や飢饉の際に食用にする植物のこと。毒性の強弱や食べやすさにより、事態の緊急度に応じていくつかのランクがあったようだ。ヒガンバナの球根やマムシグサのイモは有毒だが、非常時には食用にされた。

距（きょ）　spur

花の一部が「けづめ」のように飛び出して袋状になったもので、中に蜜をためる。たとえば、スミレの花の裏側にある親指形の突起など。ほかにインパチエンス、ツリフネソウ、サギソウ、オダマキ、イカリソウなどにも見られる。

共栄植物（きょうえいしょくぶつ）　companion plant

ほかの植物の成長を促進するようなアレロパシー物質を出す植物のこと。マメ科のハッショウマメがその例。農業の新しい手法として注目を集めている。**→アレロパシー**

共生（きょうせい）　symbiosis

種類の異なる生物が、緊密な関係を結んで共に生活している状態。双方が利益を得ている場合は相利共生（mutualism）、片方のみが利益を得ている場合は片利共生（commensalism）とよぶ。ちなみに、相手に害を与えて片方のみが利益を得ている場合は寄生（parasitism）という。**→相利共生　→寄生**

極核（きょくかく）　polar nucleus

種子植物の胚嚢の中央にある2個の核。後に合体し、さらに花粉に由来する精核のうちの一方と融合して胚乳をつくる。

近交弱勢（きんこうじゃくせい）　inbreeding depression

近親交配を繰り返すことによって、生活能力や繁殖力が低下する現象。近親交配では、同じ遺伝子が組み合わさる確率が高いため、劣性遺伝子が発現しやすくなり、遺伝的な病気や形態上の欠陥などの有害な形質が現れやすい。

菌糸（きんし）　hypha

カビやキノコなど菌類の体を構成する細長い糸状の細胞列のこと。植物の根に菌糸が共生的あるいは病変的に取りついて、相互に水やミネラル、炭水化物などといった物質の移動がみられる場合は、特に菌根（mycorrhiza）とよぶ。植物の組織内部にまで菌糸が入りこむタイプの菌根（内生菌根）は、ランの幼植物や菌従属栄養植物、シャクナゲなどツツジ科植物に見られる。また、多くの樹種が根の周囲に菌糸を住まわせており（外生菌根）、炭水化物を与える代わりに水やホルモンなどをもらう共生関係にあることが知られている。

菌従属栄養植物（きんじゅうぞくえいようしょくぶつ）　mycoheterotrophic plant

植物は光合成を行って独立栄養を営むのが普通の生き方であるが、なかには緑葉を持たず、光合成もせず、一生を菌類に依存して生きる植物が存在する。これらを菌従属栄養植物とよぶ。菌類に寄生して生活しているので菌寄生植物ともよぶ。菌根をつくって菌類から栄養を得つつ、自分でも光合成を行う植物は、樹木を含めて広く見られる。菌類への依存度の高いものは部分的菌従属栄養植物、依存度に関わらず明らかな菌根を形成するものは菌根植物という。

草紅葉（くさもみじ）

秋に草が紅葉すること、もしくは紅葉した状態。アントシアニン、カロチノイド、ベタレインなどの色素が関与する。

クチクラ層（くちくらそう）　cuticule

生物の体の外側を覆う膜層で、内部組織を保護し、水の蒸散を防ぎ、また物質の侵入を調節する。植物では主にクチン質とロウ質からなる。クチクラ層が発達して葉に光沢がある常緑樹を照葉樹といい、ツバキやサザンカなどが例。ツワブキなどの海浜植物にも発達している。スギナやトクサのように石灰質や珪酸質を堆積しているものもある。

クロロフィル　chlorophyll

葉緑素。植物の葉緑体に含まれる緑色または黄緑色の色素で、太陽の光エネルギーを化学エネルギーに変えて、光合成の化学反応エネルギーを供給する。反応の中心となるのはクロロフィルaで、ほかにアンテナ色素となるクロロフィルb、クロロフィルcなどがある。→アンテナ色素

クローン　clone

同一の遺伝子型を持つ個体群。植物では、栄養繁殖や単為生殖によって無性的に増えることができるので、自然界でも当たり前にクローンがつくられている。しかし動物では、栄養繁殖や単為生殖によってクローンをつくるのはクラゲやアリマキなどごく一部に限られている。ところが、最近では受精卵を分割したり体細胞の核を取りだして核を抜いた卵細胞に移植したりすることにより、人為的にクローンをつくりだすことができるようになった。そのため、単にクローンというと、こうしたバイオテクノロジー分野での複製生物を指すことが多くなっている。→栄養繁殖　→単為生殖

警戒色／警告色（けいかいしょく／けいこくしょく）　warning coloration

自分がまずくて危険な存在であることを誇示するために、昆虫などがとる、目立つ色彩や模様のこと。無害な生物の体色が、進化の過程で有害な生物の警戒色に似ることがあるが、これは標識的擬態という。→擬態

計画細胞死（けいかくさいぼうし）　programmed cell death
プログラム細胞死ともいう。自殺遺伝子（suicide gene）にあらかじめ組みこまれたプログラムに従い、規則的に細胞が自殺していく現象。発生の途中段階だけでなく、成体内に見られるコントロールされた細胞死を含めていう。

形成層（けいせいそう）　cambium
維管束の木部と師部の間にある一層の細胞で、内外に分裂することによって、茎と根に肥大成長をもたらす組織。

牽引根（けんいんこん）　traction root
球根植物の球根から生じる太い根のこと。これが収縮して球根を地中に引き入れることによって、球根を乾燥や食害から守る役目を果たす。グラジオラス、フリージアなど、母球の上に子球がつくタイプの球根植物に多く見られる。

減数分裂（げんすうぶんれつ）　meiosis, reduction division
2セットの染色体を持つ細胞から、1セットの染色体を持つ細胞が生じる細胞分裂。種子植物では卵や花粉をつくるとき、シダ植物では胞子をつくるときに起こる。

光合成（こうごうせい）　photosynthesis
植物が行う炭酸同化の方法。緑色植物は光をエネルギー源として、根から吸い上げた水と気孔から取り入れた二酸化炭素から、炭水化物をつくりだす。葉緑体が光合成の場である。副産物として酸素がつくりだされる。

高山植物（こうざんしょくぶつ）　alpine plant
高山帯に自生する植物の総称。高山という厳しい生育条件に適応して、その多くは多年生で、葉が厚い、毛が多い、地上部が小さく、地下部が大きいなどの共通した特徴を持つ。高緯度地方では、高山植物も平地で見られる。

紅葉（こうよう）　red coloring of leaves, autumn colors of leaves
秋に葉が赤く色づく現象。アントシアニンやカロチノイドが葉の細胞にたまって、葉が紅色ないし黄色に変わる。カロチノイドが目立って葉が黄色に変わる場合を、黄葉（yellow coloring of leaves）と呼んで区別することもある。
→アントシアニン　→カロチノイド

根粒（こんりゅう）　root nodule
窒素固定能を持つ土壌細菌の仲間が植物の根の組織に入り込み、根の一部がこぶ状になったもの。マメ科植物の根粒は根粒菌による。ハンノキ、ヤマモモ、ドクウツギ、ソテツなどにもそれぞれ別の細菌によって根粒ができる。

根粒菌（こんりゅうきん）　root nodule bacterium
土壌細菌の一種で、ふだんは土壌内の有機物を分解することでエネルギーを得ているが、マメ科植物の根につくと根粒をつくり、大気中の窒素ガスからアンモニアをつくる（これを「窒素固定」という）。根粒菌はマメ科植物から炭水化物をエネルギー源にもらい、植物は根粒菌からアンモニアをもらってアミノ酸やタンパク質の原料にする。

【サ行】

在来種（ざいらいしゅ）　native species
もとからその国に住みついていた生物のこと。**→外来種**

柵状組織（さくじょうそしき）　palisade tissue
葉肉をつくる組織のうち、表層近くにあって多くの葉緑体を含み、柵のようにぎっしり並んでいる細胞からなる部分。葉の内部にあってスポンジ状の構造をしている部分は海綿状組織という。

サポニン　saponin
動植物に含まれる配糖体の一種で、溶血作用（赤血球を破壊する）や魚毒作用（魚類に対して毒性を示す）、去痰作用（たんを切る働き）、抗菌・抗かび作用などがあることが知られている。キキョウのサポニンは去痰薬となる。水とともに振ると泡立つ性質があるため、昔はサポニンを含むムクロジやサイカチやエゴノキなどの果皮をふやかした水を石けん液代わりに使った。

3倍体（さんばいたい）　triploid
3セットの染色体を持つ個体のこと。植物にはしばしば見られる。3倍体の植物は、減数分裂がうまくできず、正常な花粉や卵がつくれないために有性生殖が行えず、栄養繁殖や単為生殖を行ってふえる。一般的には植物も動物も2セットの染色体をもつ2倍体（diploid）が基本。ただし、植物には4倍体、5倍体、6倍体など高次倍数体の存在も知られている。3倍体や高次倍数体は、たいてい2倍体よりも体が大きくなるため、園芸植物や農作物ではしばしば取り入れられている。たとえば、フキの栽培品種は3倍体の系統である。栄養繁殖を行わない動物には基本的に3倍体や高次倍数体は存在しない。**→単為生殖**

自家受粉（じかじゅふん）　self-pollination
植物の同一個体（同じ個体、花序、花）のなかで受粉が行われること。反対語は他家受粉。一個の両性花のなかで花

粉を雌しべが受け取る場合は同花受粉とよぶ。→自殖　→同花受粉

自家不和合性（じかふわごうせい）　self-incompatibility
自分の花粉を生理的に拒絶する仕組み。自殖（同花受粉または自家受粉）を避けるための機構。→花粉管　→自殖

4強雄しべ（しきょうおしべ）　tetradynamous stamens
4強雄蕊（しきょうゆうずい）ともいう。アブラナ科の植物に特徴的な雄しべの配列。6本の雄しべのうち、4本は長く、2本は短い。

自殖（じしょく）　selfing
自家受粉による生殖のこと。自分の花粉で受粉すること。確実に受粉できるというメリットがある一方で、自殖は虚弱な子を生みやすいというデメリットがある。この相反する二面性がゆえに、植物によって自殖を促進する仕組み（同花受粉など）を発達させたものと、逆に自殖を避ける仕組み（自家不和合性や2型花など）を発達させたものという、まったく逆の方向への進化が見られる。→自家不和合性　→同花受粉　→2型花

雌性先熟（しせいせんじゅく）　protogyny
両性花で、雌しべが先に熟すること。雌蕊（しずい）先熟ともいう。雌しべが先に成熟して花粉を受け取って機能を終えた後、雄しべが成熟して花粉を出す。同花受粉を避ける仕組みである。成熟の順番が逆の場合は雄性先熟という。→異熟性　→雄性先熟

史前帰化植物（しぜんきかしょくぶつ）　prehistorically naturalized plants (archaeophytes)
有史以前に持ちこまれたと考えられている帰化植物。人里周辺にだけ見られて自然植生の中には見られないことが根拠となる。日本では縄文時代や弥生時代に大陸から作物の種子にまじって持ちこまれたと推定されているものが多い。

絞め殺し植物（しめころししょくぶつ）　strangler tree
ほかの木の上で発芽し、地面まで気根を垂らして成長し、挙げ句の果てに土台として利用した木を気根でがんじがらめに締めつけて枯らしてしまう樹木。亜熱帯から熱帯に多く見られる。ガジュマル、ベンガルボダイジュなどのイチジク属植物が有名。絞め殺しの木ともよぶ。

雌雄異株（しゆういしゅ）　dioecy

雄花と雌花をそれぞれ別の株につけること。本書に登場した植物では、アオキ、キンモクセイ、フキなどがそうだが、植物では少数派である。普通に見られる花の多く（被子植物の約90％）は、ひとつの花の中に雄しべと雌しべの両方を持つ両性花（hermaphrodite flower）である。また、キュウリやカボチャのようにひとつの株の中に雄花と雌花を持つものは雌雄同株（monoecy）という。**→両性花**

蓚酸（しゅうさん）　oxalic acid

カタバミ、スイバ、イタドリ、ベゴニアなどに含まれる酸で、味はすっぱい。カタバミやスイバの葉を揉んで硬貨や金属鏡を磨くとピカピカになるのは酸の作用による。染色、漂白などにも用いられる。蓚酸は体内に入るとカルシウムイオンと結合して不溶性の蓚酸カルシウムになるが、これは尿道結石の主成分となる。蓚酸カルシウムを含む植物もあり、えぐみのもとになる。マムシグサの毒成分もこれ。蓚酸あるいは蓚酸カルシウムを多く含む植物を多量に生食するのは健康上、好ましくない。ホウレンソウにも蓚酸は含まれているので、ゆでこぼしてから食べるべきである。

樹液（じゅえき）　sap

樹木の幹の内部にたまっている、または流動している液状成分。植物の樹皮を傷つけるとしみ出してくる樹液には、維管束内にある導管を根から葉へと流れる導管液、師管を葉から根へと流れる、糖分に富んだ師管液のほか、樹脂や乳液なども含まれる。松ヤニはマツの樹液から揮発性の成分が失われて固まったもの（それが化石化すると琥珀）。また、ヤシの樹液を自然発酵させたものはヤシ酒として知られている。パラゴムノキの乳液は弾性ゴムの原料に、アラビアゴムノキの乳液はゴム糊の原料に、蔗糖を含むサトウカエデの樹液は糖蜜シロップにと、古くから樹液は人間に利用されている。

種子散布（しゅしさんぷ）　seed dispersal

種子が運ばれること、あるいはその仕組み。風によって運ばれるもの（風散布）、水流や雨滴によって運ばれるもの（水散布）、膨圧運動や乾湿運動によって自ら弾けて種子を飛ばすもの（自動散布）、人や動物に付着して運ばれるもの（付着散布）、鳥に食べられて運ばれるもの（鳥散布）、哺乳動物に食べられて運ばれるもの（哺乳類散布）、鳥や動物の貯食行動に伴って運ばれるもの（貯食散布）、アリによって運ばれるもの（アリ散布）、重力に従ってただ落ちるもの（重量散布）などに分けられる。**→風散布　→**

付着散布　→エライオソーム

種枕（しゅちん）　caruncle

種子の先端につく多肉質の付属物のこと。カルンクルともいう。若い種子が実につながっていた部分（珠柄）などが変化してできたもので、広く見れば仮種皮の一種といえる。スミレの場合のように、種枕に含まれる成分がアリをひきつけ、その結果、種子が散布されるような場合はエライオソーム（elaiosome）とよんでいる。→**エライオソーム**

樹皮（じゅひ）　bark
樹木の幹にコルク質ができると、その外側の部分にある皮層や表皮は死んで樹皮となり、しだいに厚く蓄積する。樹皮には、動物が消化できない成分であるリグニンが多量に含まれている。

子葉（しよう）　cotyledon
種子の中にあり、胚の一部分をなす葉。被子植物では1枚または2枚で、これで単子葉植物と双子葉植物とに分類している。発芽や初期成長に必要な栄養分を蓄えている場合が多い。カイワレダイコンのように、子葉が展開して「ふたば」になるものが多いが、ドングリやクルミの子葉のように、地中に埋もれたままのものもある。一般に、発芽してしばらくすると消失する。

蒸散（じょうさん）　transpiration
植物体内の水分が、主に気孔を通じて気化すること。気孔は光、水分含有量、温度、湿度などの諸条件で開閉し、気化に抵抗を示すので、蒸発とは明らかに異なる。蒸散には葉温の上昇を防ぐ効果があり、根から水を吸い上げる原動力にもなっている。

常緑樹（じょうりょくじゅ）　evergreen tree
一年中、緑色の葉をつけている樹木。葉が開いてから落ちるまでの寿命は、たいていの場合、1年を越える。常緑樹の種類によって葉の寿命は異なり、たとえばクスノキは約1年、サザンカは3年程度、葉を維持する。葉は古くなると落葉し、その際に紅葉するものもある。→**落葉樹**

食虫植物（しょくちゅうしょくぶつ）　insectivorous plant, carnivorous plant
昆虫などを捕らえて消化吸収し、窒素源として養分の一部に利用する植物。仕組みによって、落とし込み型（ウツボカズラ、サラセニアなど）、粘毛型（モウセンゴケ、ムシトリスミレなど）、吸い込み型（タヌキモ）、閉じ扉型（ムジナモ、ハエトリソウなど）に分けられる。土壌栄養が乏しい湿地などで、窒素栄養を補うために進化した仕組みと考えられている。

心材（しんざい）　heart wood
樹木の幹の中心部分。幹の深部では細胞はすべて死んでおり、水や養分の貯蔵も輸送も行われず、ただ機械的な支持機能だけを果たしている。心材の部分はリグニンやポリフエノールが沈着して赤みを帯びることが多い。心材に対し、生きた細胞が含まれている部分は辺材という。**→辺材**

蕊柱（ずいちゅう）　column, gynostemi
雄しべと雌しべが癒合して合体したもの。ラン科植物やガガイモ科植物で見られる。

スプリング・エフェメラル　spring ephemeral
早春から初夏までの、ごく短い生育期間を持つ林床性多年草の総称。「春植物」ともいう。エフェメラルとは「短命な」という意味で、虫のカゲロウを ephemera と呼ぶことに由来する。

スラム型　thrum
サクラソウなど雌しべの長さが異なる（異型花柱性を持つ）2型花のうち、短い花柱を持つ花のこと。短花柱花ともいう。スラムとは「布の端」という意味で、花を上から見たときに、雌しべより高い位置にある雄しべが、花筒の縁でぎざぎざに見えるから。**→2型花　→ピン型**

青酸配糖体（せいさんはいとうたい）　cyanogenic glycoside
植物がつくる有毒成分の一つ。それ自体は無害だが、動物が食べると、消化管内で分解される過程で有毒な青酸（HCN）を発生させるため、有毒成分として働く。一般に苦みを伴う。アンズやビワの種子に含まれるアミグダリンも青酸配糖体の一種である。

全寄生（ぜんきせい）　holoparasite
養分のすべてを寄主に頼っている寄生形態。葉緑素を持たない寄生植物はこれにあたる。ネナシカズラ、ナンバンギセルなど。**→半寄生　→寄生**

選択蓄積（せんたくちくせき）　selective accumulation
食べ物として摂取、あるいは根などから吸収した化学成分のうち、特定の成分だけを体内に積極的に蓄積すること。葉を食べる昆虫などが毒を選択蓄積するほか、植物が土壌中の重金属や塩分などを液胞など特定の部位に蓄積する例もある。

前葉体（ぜんようたい）　prothallium

シダ植物の胞子が発芽してできる配偶体。染色体のセットを1つだけ持つ半数体（haploid）である。径数ミリ程度の大きさで、緑色をしており、たった一層の細胞層からなるのでぺらぺらに薄い。高等シダ類ではたいていハート形をしていて、植木鉢の土の上などを探すと見つかる。前葉体には造精器と造卵器が形成され、それぞれ精子と卵細胞をつくる。精子は卵細胞まで水中を泳いで到達する。受精卵はいわゆるシダの形をした胞子体に育ち、前葉体の上で大きくなる。胞子体が十分に成長すると、前葉体は枯死する。**→胞子体　→造精器　→造卵器**

痩果（そうか）　achene
実の形態を表す用語で、薄い果皮が1個の種子を包んでいるもの。一見、種子に見える。本書ではタネと表記している。キク科植物のほか、イチゴのつぶも痩果である。

走出枝（そうしゅつし）　stron
地表、ときに地下浅くを水平に長く伸び、その先端から芽や根を出して栄養繁殖を行う茎のこと。オランダイチゴやユキノシタ、オリヅルランなどに見られる。ストロン、匍匐枝、あるいはランナーと呼ぶこともある。

装飾花（そうしょくか）　ornamental flower
性機能を欠く飾りものの花。アジサイでは、雄しべも雌しべも存在するもののその機能は不完全で、稔性のある花粉もつくらなければ実を結ぶ能力もない。ヒマワリやコスモスも結実するのは中央部の管状花のみで、周囲に並ぶ舌状花は生殖機能を持たない装飾花である。**→稔性**

造精器（ぞうせいき）　antheridium
シダ植物、コケ植物などに見られる、精子（雄性の生殖細胞）をつくる器官。シダ植物では前葉体にできてくる。種子植物の雄しべにあたるもの。**→造卵器　→前葉体**

増粘多糖類（ぞうねんたとうるい）　polysaccharide thickener
複数の糖類を含む水溶性の高分子化合物で、水に濡れるとネバネバしたり、膨潤してゼリー状になったりする（ゲル化する）性質を持つもの。ジャムの成分であるペクチンもその一つ。紙おむつの素材にも使われている。

送粉（そうふん）　pollination
植物の花粉を運んで受粉させること。以前は花粉媒介という言葉を使ったが、最近は送粉という用語の方が一般的。

送粉者（そうふんしゃ）　pollinator

花の花粉を運んで受粉させる（送粉する）動物。昆虫や鳥、哺乳類など、花の種類によって送粉者は異なる。花に来る虫を訪花昆虫とよぶが、虫が花にとまったとしても、体に花粉がついたり、雌しべの柱頭にふれたりしなければ、送粉者にはならない。花粉媒介者ともいうが、最近は送粉者またはポリネーターという方が一般的。

送粉シンドローム（そうふんしんどろーむ） pollinator syndrome

送粉（雄しべでつくられた花粉が雌しべの柱頭に運ばれること）における、花の形質と送粉者（花粉媒介者：昆虫や鳥など）との間に見られる対応関係のパターン。花の形、色、香りなどによって、どのような送粉者によって花粉が運ばれるのかに共通性がある。→**鳥媒花**

総苞（そうほう） involucre

花序の基部に、とくに多数の苞（包葉、花に付随して特殊な形や色になった葉）が集まってついているものをいう。個々の苞は総苞片と呼ぶ。タンポポの花の基部にある瓦状のもの、ドクダミやハナミズキに見られる花びら状のものも、総苞である。→**苞**　→**仏炎苞**

造卵器（ぞうらんき） archegonium

シダ植物、コケ植物などに見られる、卵細胞（雌性の生殖細胞）をつくる器官。シダ植物では前葉体上にできる。種子植物の子房にあたるもの。→**造精器**　→**前葉体**

相利共生（そうりきょうせい） mutualism

2種の生物が共存して互いに利益を与えつつ、生活している場合。→**共生**

促成栽培（そくせいさいばい） forcing

温室やビニールハウスなどの施設を用いて、花、果物、野菜などの生育を人為的に促進させる栽培方法。

【タ行】

多年草（たねんそう） perennial herb

2年以上生き続ける性質を持つ草（ただし可変的二年草を除く）。温帯に位置する日本では、冬の間は地上部が枯れるが地下部は生きていて、春になれば再び地上部を展開するというサイクルを繰り返す多年草（夏緑多年草）が多い。冬も温暖な地方や雪に庇護される積雪地帯では、一年中、緑葉をつける常緑多年草（evergreen perennial）も見られる。繁殖回数という面から見れば、これらは一生に何回も花をつけて繁殖するので、多回繁殖型多年草（iteroparous perennial）という。一方、低緯度地方には地上部を枯らすことなく何年も生き続ける多年草が多い。熱帯高山や火山島などでは、ハワイのギンケンソウのように、何十年もかかって育つが、ただ一回だけ開花結実すると枯死してしまう一回繁殖型多年草（monocarpic perennial, semelparous perennial）も見られる。

単為結実（たんいけつじつ）　parthenocarpy
受粉しなくても、子房などが発達して果実がつくられること。単為結果ともいう。単為生殖とはイコールではない。バナナやイチジク、カキなど、果実の中に種子が入っていない場合は、単為結実による。ブドウでは、植物ホルモンのジベレリンを吹きかけることによって、人為的に単為結実を誘導できる。

単為生殖（たんいせいしょく）　parthenogenesis
雌が雄と関係することなく、つまり卵細胞と精細胞が融合することなく、子をなすこと。少しずつ概念は異なるが、同じ現象を指して無配生殖、無融合生殖と呼ぶこともある。昆虫ではアリマキやナナフシ、植物ではセイヨウタンポポ、ドクダミなどが単為生殖をする。単為生殖によってつくられた種子やそれが育った娘植物は、完全に親と同一な遺伝子を持つ「クローン」になる。**→クローン**

短日植物（たんじつしょくぶつ）　short-day plant
昼の時間（日長）が短くなると花芽をつける性質を持つ植物。実際は、植物は夜の長さを計っており、ある一定期間より長い継続した暗期を含む明暗周期が与えられたときに花芽が形成される。キクやポインセチア、オナモミなどが短日植物で、秋になると咲く。この性質を利用して、開花時期を人為的にコントロールができる。反対に、昼の時間が長くなると花をつけるような植物は長日植物という。

タンニン　tannin
渋柿やお茶などでおなじみの、植物に含まれているポリフェノール成分。皮なめし剤や染料、生薬などとして、古くから人間に利用されてきた。タンニンにはタンパク質や鉄と結合して不溶化する性質があり、動物がタンニンを含む植物を多量に食べると、貧血や消化不良を起こし、結果的に体が弱ったり飢えたりすることになる。アルカロイドや強心配糖体のように微量で効く毒とは違うが、タンニンもまた植物の防御物質のひとつである。

窒素固定（ちっそこてい）　nitrogen fixation
大気中の窒素ガスからアンモニアをつくりだすこと。窒素固定を行う生物としては、アゾトバクターや根粒菌、放線菌などがある。**→根粒菌**

着生植物（ちゃくせいしょくぶつ）　epiphyte, air plant
樹の幹や岩などの表面にへばりついて生育する植物。セッコク、ノキシノブ、チランジアなど。付着根や吸盤などで付着するが、相手から養分を奪い取ることはしない。雨量が多かったり、空中湿度が高かったりする環境に多く見られる。雨水や樹幹流（幹の表面を流れ落ちる水）から栄養をとっているが、一般に栄養は乏しいため、成長が遅いものが多い。無降雨時には乾燥が厳しいため、貯水組織を発達させているものが多い。

虫癭花（ちゅうえいか）　gall-flower
虫が寄生して、虫癭（虫こぶ）がつくられた花。実を結ぶ能力はないか、または失われていることが多い。イヌビワの場合は、植物が初めから虫癭花になるべきダミー雌花を用意している。

虫媒花（ちゅうばいか）　entomophilous flower
昆虫類によって花粉が運ばれる仕組みを虫媒（insect pollination, entomophily）といい、昆虫によって花粉が運ばれる花、あるいは昆虫に適応して花の形や色を進化させた花を虫媒花とよぶ。美しく花びらを広げたり、よい香りがあったりする花の多くは虫媒花である。昆虫の種類によって、好みの色や嗅覚、体格、行動習性などが異なっているため、花の形や色にもバラエティーがある。虫媒花の主な送粉者としては、膜翅目（マルハナバチ、ハナバチ、ミツバチ、カリバチ、アリなど）、双翅目（ハエ、ハナアブ、ガガンボなど）、鞘翅目（カミキリムシ、コガネムシ、ハナムグリなど）、鱗翅目（チョウ、ガ）などが挙げられる。

鳥媒花（ちょうばいか）　ornithophilous flower
鳥類によって花粉が運ばれる仕組みを鳥媒（bird pollination, ornithophily）といい、鳥によって花粉が運ばれる花、あるいは鳥に適応して花の形や色を進化させた花を鳥媒花と呼ぶ。ツバキはその典型である。一般に鳥は視覚が鋭く、一方で嗅覚は鈍いので、鳥媒花の多くは共通する特徴を備えている。すなわち、赤い花色、頑丈な萼や花びら、豊富な花蜜、香りのない花、横か下向きに咲く花といったような点である。日本ではヒヨドリとメジロ、アメリカ大陸ではハチドリ、オセアニアや南アジアではミツスイ、南アフリカではタイヨウチョウなどが、花の蜜を食糧として日常的に利用している。

重複受精（ちょうふくじゅせい、じゅうふくじゅせい）　double fertilization

被子植物の特徴にもなっている受精の方法で、花粉管内にある2つの精核が、それぞれ卵細胞と極核と合体して二重に受精すること。

テルペン類（てるぺんるい）　terpene

植物に含まれる油脂。テルペン類と総称される化合物は、5個の炭素原子と8個の水素原子からなるイソプレンユニットからなり、テルペン油（マツ*Pinus*属植物などに含まれる油）、芳香のある精油成分（essential oil）、樹脂（resin）などがこれに含まれる。**→フィトンチッド**

天敵（てんてき）　natural enemy

昆虫を食べる鳥などのように、自然界にあってある生物の捕食者として相手を殺したりすることによって、個体数の増加を抑制するような別種の生物のこと。寄生生物や病原微生物も天敵になる。たとえば、昆虫には寄生バチといって、特定の昆虫の卵や幼虫などに寄生してこれを食い破って羽化するようなハチの仲間があり、作物の害虫を防除する方法として特定の寄生バチを放すことが実際に行われている（天敵農法）。

同花受粉（どうかじゅふん）　strict self-pollination

同じ花の花粉で受粉すること。雄しべを巻き上げるなどして積極的に行う場合と、花粉が降りかかるなど偶発的に同花受粉に至る場合がある。**→自家受粉**

土壌pH（どじょうぺーはー）　soil pH

土の酸性あるいはアルカリ性の程度を示す値。pH7で中性。一般に植物は中性付近でよく生育し、酸性度が高すぎても、またアルカリ度が高すぎても、良好に生育できない。酸性土壌では、カルシウム、カリウム、マグネシウムが欠乏しやすく、またアルミニウムが溶け出ているためにリン酸欠乏になりやすい。アルカリ土壌では、ナトリウムイオンが有害に働き、植物の生育は阻害される。

【ナ行】

2型花（にけいか）　dimorphic flower

同じ種類の花に2型があること。ことにサクラソウのように、雄しべと雌しべに長短の2型があるような異型花柱性（heterostyly）を持つ花では、異なる型の間で花粉の交換が行われないと結実しない仕組みが発達しており、自殖を避ける手段となっている。異型花柱性を持つ植物の中には、長花柱花（ピン型）、短花柱花（スラム型）に加えて雌しべと雄しべの長さが等しい等花柱花を持つものもあり、この場合は3型花と呼ぶ（例：ミソハギ）。**→ピン型　→スラム型**

二色効果（にしょくこうか）　bicolor effect
果実などで、赤と黒、赤と青など、コントラストの強い2色を配することで、より視覚的に強い刺激が与えられる効果。鳥散布果実や種子にしばしば見られ、赤い未熟果と黒い熟果が混在するもの（サンゴジュ）、果柄が赤く果実が黒いもの（ヨウシュヤマゴボウ）、果皮が赤く種子が黒いもの（サンショウ、ゴンズイ、トキリマメ）、萼が青く果実が赤いもの（クサギ）などが挙げられる。

二年草（にねんそう）　biennial herb
種子が発芽してもその年のうちには開花しないが、2年目に実を結ぶと枯れてしまう植物。しばしば冬一年草（越年草）と混同され、図鑑などでも誤った記載が目につくが、冬一年草は1年未満で生活史を完結させるもので、ふつうは秋に発芽して翌春に開花するのに対し、二年草は春に発芽したものが越冬して翌年の春以降に開花する、あるいは秋に発芽したものは翌年の秋に開花するなど、丸1年以上の寿命を持つものを指す。**↓可変的二年草**

2倍体（にばいたい）　diploid
2組の染色体セットを持つ個体。父方の生殖細胞（精子、花粉）と母方の生殖細胞（卵）から染色体の基本セットを1つずつもらい、受精卵は各染色体が2本ずつの2倍体になる。人間を含めて動物一般、それに種子植物の多くは2倍体が基本。**↓3倍体**

ネマトーダ　nematode
根瘤線虫のこと。土の中に住む小さな線虫類で、植物の根に寄生すると、これをコブ状にし、弱らせてしまう。園芸植物のマリゴールドの匂いは、このネマトーダを殺す働きがある（**↓アレロパシー**）。そこで、ダイコンのタネまき前にマリゴールドを鋤き込むと、農薬なしで健康なダイコンがつくれる。

粘着体（ねんちゃくたい）　viscidium, viscid disc
ラン科の花粉塊が昆虫に付着するための部分、いうなれば接着テープ。**↓花粉塊**

【ハ行】

胚（はい）　embryo
生物の個体の発生段階の初期の状態にあるもの。植物の場合、種子がある程度、熟して休眠状態に入ったときに胚は完成したものと見なしている。

胚珠（はいしゅ）　ovule

植物の卵子で、受精後に種子となる。中心に胚嚢があり、その外側を珠心と珠皮が包む。

胚乳（はいにゅう）　ovule

植物の種子の一部で、発芽や初期成長に必要な栄養分を蓄えているところ。重複受精が行われてできる。

発芽阻害（はつがそがい）　seed germination inhibition

種子の発芽が抑制されること。果実自身の胚、種皮、果皮、果肉などに発芽阻害物質を含む、いうなれば自らが〝抵抗勢力〟となっている場合と、外部から加えられた何らかの要因（化学物質、温度、光条件など）による場合とがある。前者の場合は、生育適期以外の発芽を避ける、一斉に発芽して異常気象などにより全滅する危険を避ける、鳥に食べられずに親木の下に落下した種子は発芽しないことで種内競争を回避するなどのメカニズムと考えられている。

発芽阻害物質（はつがそがいぶっしつ）　inhibitory substance, substance inhibiting germination

種子の発芽を阻害する物質。果実が鳥に食べられて種子が運ばれるタイプの植物では、果実に発芽阻害物質を含むものが知られている。こうした種子では、鳥の消化管を通ることによって発芽阻害物質が化学的、物理的に取り除かれると、はじめて種子は発芽できるようになる。

半寄生（はんきせい）　hemiparasite

寄生植物のうち、寄主から水分やミネラルをもらうものの、自らも葉緑素を持ち、光合成を行って炭水化物などの有機物をつくりだす寄生形態。緑色の葉を持つ。地面を離れて樹上生活を送るもの（ヤドリギの仲間）と、地下で寄生根を伸ばして他植物の根にからませるもの（ゴマノハグサ科のシオガマギクやママコナやコゴメグサの仲間、ビャクダン科のツクバネやカナビキソウなど）がある。後者の場合は、見ただけでは寄生植物とは分からない。**→全寄生**

ヒートアイランド現象　urban heat island

都市化が進み、地面がアスファルトやコンクリートで覆われると熱の蓄積量が増し、さらに冷暖房や産業活動によって生じる排熱も加わって、都市部の気温がまわりの地域より高くなる現象。東京では過去１００年間の間に気温が約３℃上昇したとされる。

ピン型　pin

雌しべの長さが異なる2型花（異型花柱花）で、雌しべが長いタイプの花。「長花柱花」とも呼ぶ。ピンとは、花を

上から見たときに、雌しべの柱頭が丸く虫ピンの頭のように見えるから。↓2型花　↓スラム

フィトンチッド　phytoncide

森林の樹木が発散する揮発性物質で、主な成分はテルペン類と呼ばれる有機化合物。広くはアレロパシーに含められる。樹木の防衛手段のひとつで、他の植物の成長阻害、昆虫や動物に対する摂食阻害、殺虫・殺菌などの作用がある。人体に対しては有益に働くというので、森林浴ブームを呼んだ。↓テルペン類　↓アレロパシー

風媒花（ふうばいか）　anemophilous flower

花粉を風に運んでもらう植物。たいてい花びらを持たず、目立たない。花粉も風に飛びやすいような形態で、多量につくられるものが多い。雌しべの柱頭は大きく広がるか長く垂れ下がり、空中を飛んでくる花粉を受ける。スギ、ヒノキ、ヨモギ、ブタクサ、カナムグラ、ホソムギなど、広く花粉症の原因になる植物は、みな風媒花である。

フェロモン　pheromone

動物の体内から分泌・放出され、同種他個体の行動や生理的状態に影響を及ぼす化学物質の総称。カイコガの性フェロモン、ゴキブリの集合フェロモン、アリやミツバチの警戒（警報）フェロモンなどが知られている。

複葉（ふくよう）　compound leaf

一枚が複数のパーツからなる葉。形状により、羽状複葉、掌状複葉、三出複葉などとよぶ。

付属体（ふぞくたい）　appendage

さまざまな組織についた小片の総称。そのため、植物によって示すものは異なる。たいていの場合、付属しているものの名前と一緒に、何々の付属体といういい方をする。マムシグサの場合、閉鎖花序の先端が特異な形に変形しており、この部分を花序の付属体と呼んでいる。

プタキロサイド　ptaquiloside

ワラビに含まれる発ガン物質。プタキロシドとも読む。ワラビは北半球に広く分布するが、ヨーロッパの放牧地ではウシやヒツジなどの家畜に昔からワラビ中毒が知られ、慢性血尿症や急性中毒が深刻な問題だった。この毒の正体は名古屋大学を中心とした研究グループによって１９８０年代に解明され、プタキロサイドと名づけられた。プタキロサイドは酸やアルカリ、熱に不安定なため、伝統的なアク抜きによってほぼ１００％分解されて無害になる。

付着散布（ふちゃくさんぷ）　epizoochory
植物の種子散布様式の一種で、動物や人に付着して種子が運ばれる仕組み。種子や実に、かぎ状の毛やトゲがあるもの、逆さトゲがあるもの、粘液でくっつくもの、大きなカギ爪やトゲがあるものがある。一般には風散布とされるものの中でも、ガマのように柔らかなわたげで水鳥の羽毛について運ばれるものがある。また鳥散布種子の中でもヤドリギやトベラのように粘って嘴や羽毛にはりついて運ばれるものもある。**→種子散布**

仏炎苞（ぶつえんほう）　spathe
サトイモ科植物で、花序を包む葉（苞）が変形したもの。マムシグサやミズバショウ、ザゼンソウ、アンスリウム、スパティフィラムなど。**→苞**

冬型一年草（ふゆがたいちねんそう）　winter annual
冬一年草ともいう。秋に発芽して冬から早春に成長し、春に開花・結実して枯死する一年草。日本では一般に越年草とよばれているが、これだと二年草と混同しやすい。**→一年草　→二年草**

フラボン　flavon
花びらなどに含まれる色素群。黄色〜橙色の色素として、遊離状態あるいは配糖体の形で存在する。人の目には淡い色に映るが、紫外線を吸収するので、紫外色まで見える虫の目には鮮やかに映っているはずである。花を紫外線カメラで撮影すると、人の目には見えなかった模様が写し出されたりするが、これは花びらにフラボン類が局在しているためである。

閉鎖花（へいさか）　cleistogamous flower
花びらが退化して、つぼみの形のまま花を開くことなく、内部で自家受粉（同花受粉）をして実を結ぶ花。確実に実を結ぶが、近親交配の弊害も現れやすい。スミレ類、ホトケノザ、ヤナギタデ、ミゾソバ、センボンヤリなどに見られる。**→開放花**

ベタレイン　betalain
赤ビートの根、ホウレンソウの株元、ヨウシュヤマゴボウの果汁などの色を出す色素。ナデシコ科を除くナデシコ目（ザクロソウ科・ツルムラサキ科・スベリヒユ科・ヒユ科・アカザ科・サボテン科・オシロイバナ科・ヤマゴボウ科）の植物だけに含まれる。アントシアニンやカロチノイドと違い、窒素を含む化合物である。これらの植物には構造がよく似て黄色を発色するベタキサンチンも含まれ、紅色を発色するベタニンと合わせてベタレインとよんでいる。

ペデロシド　pederocide
ヘクソカズラが持つ含イオウ化合物で、分解するとメルカプタンを生じる。アカネ科植物が持つ一群のイリドイドiridoid（テルペン類の一種）のひとつで、イリドイドは昆虫に対しては忌避物質として働く。**↓メルカプタン**

ベルベリン　berberine
メギ科のナンテンやメギ、ヒイラギナンテンなどの茎や根に含まれるアルカロイドの一種。黄色い色をした薬用成分で苦い。健胃薬や下痢止め薬に使われる（「ワカ末」の主成分は塩化ベルベリンである）。

辺材（へんざい）　sapwood
樹木の幹の周縁部分。幹の中心部分にあって死んだ細胞からなる心材に対し、生きた細胞が含まれていて、機械的な支持機能だけでなく、水や養分の流れや養分の貯蔵という役割を持っている部分。**↓心材**

苞（ほう）　bract
包葉ともいう。花に付随した葉が特殊な形に変わったもので、大きく色づくものでは一見、花びらのように見える。ひとつひとつの花に付属している、あるいは花序の基部に少数がつく場合は苞、花序の基部に集まってつく場合は総苞と呼ぶ。サトイモ科の仏炎苞、ハンカチノキ、ポインセチアなどで花びらのように見えるのも苞。**↓総苞　↓仏炎苞**

訪花昆虫（ほうかこんちゅう）　flower-visiting insect
花を訪れる昆虫。一般的には、花を訪れる虫＝花粉を運ぶ虫、と考えて、ポリネータ pollinater（花粉媒介者、送粉者）の意味で訪花昆虫という語が使われてきたが、実際は花を訪れたからといって花粉を有効に運んでいるとは限らないことから、最近は送粉者という用語を使う。

胞子（ほうし）　spore
胞子植物（シダ類、コケ類）の生殖細胞の一種で、単独で新しい個体になることができるもの。シダの葉の裏からこぼれ落ちる茶色の粉や、ツクシの頭から散る緑色の粉がこれで、地面に落ちると発芽して前葉体になる。

胞子体（ほうしたい）　sporophyte
胞子をつくる世代の生物体。ふつう目にするシダ植物の体は胞子体である。胞子体は染色体のセットを2つ持つ倍数

体で、減数分裂をして胞子をつくる。↓胞子 ↓前葉体

放射冷却（ほうしゃれいきゃく） sky radiation cooling

夜間に地表面から熱が上空に放射されて地表近くの気温がぐっと低下すること。晴れて風が弱い夜に著しい。曇った夜は地上からの熱の放射が雲にさえぎられるため、放射冷却はあまり起こらない。都会では排ガスや粉塵が雲と同じ役割を果たして放射冷却が起こりにくい。放射冷却で冷えるのは地表面だけではない。空を向いた葉の表面でも同様に放射冷却が起こり、葉温は気温よりも低くなる。クローバーやカタバミ、クズ、シソなどの葉は、夜に葉を立てたり垂らしたりするが、これには葉の角度を水平からずらし、放射冷却を防いで葉温を高く保つ意味があるとも考えられるが、その差は微小だともいう。

【マ行】

マルハナバチ bumble bee

ハナバチの仲間で、ミツバチよりも大きく、体がぬいぐるみのような毛に覆われている。女王が産卵し、雌の働きバチが協力して子育てをするが、ミツバチほど大きな巣はつくらない。ミツバチは群のメンバーが情報交換をして1種類の花から集中して蜜や花粉を運びこむが、マルハナバチは個々のメンバーがそれぞれ自分の体格に合った花を選んで、同じ種類の花の間を集中的に飛び回る。また、飛翔筋が発達して翅をふるわすことで体温を維持することができるので、寒い日にも活動することができる。このような行動習性から、花から見ればマルハナバチ類の送粉効率は非常に高く、花の形や色をマルハナバチに適応させて受粉を頼っている花（マルハナバチ媒花）はとても多い。花が大型で一部に膨らみがあるものは、まずマルハナバチ媒花と思って間違いない。ホタルブクロ、ノハナショウブ、ツリフネソウ、ハコネウツギ、コマクサ、ギボウシ、トリカブトなどが例。

蜜腺（みつせん） nectary

蜜を分泌する組織。花の内部、ことに雄しべや雌しべの基部にあることが多いが、花盤や花弁上に存在することもある。花の内部にある場合は花内蜜腺または花蜜腺、花以外の部分にある場合は花外蜜腺と呼ぶ。↓花外蜜腺

ミネラル mineral

栄養塩類ともいう。土に含まれる無機質成分のことで、カルシウム、ナトリウム、カリウム、マグネシウム、リン、鉄、亜鉛、イオウなど、生物の生命活動に必要な元素を含む無機塩類の総称。人も植物も生きていくうえで摂取する

必要がある。植物はミネラルを根から吸い上げる水とともに吸収する。

むかご　aerial tuber, bulbil
養分を蓄えて肥大した不定芽の一種で、地上に落ちて新しい個体を生じるもの。珠芽、肉芽ともいう。食用になるヤマノイモ（ジネンジョ）のむかごを特に指すこともある。オニユリでは茎の葉腋に、セイロンベンケイやシコロベンケイ、ショウジョウバカマでは葉の縁に、ノビルでは花序に、それぞれむかごを生じる。→**栄養繁殖**

メルカプタン　mercaptan
イオウを含む有機化合物で、チオール（thiol）ともいう。一般に揮発しやすく、不快臭がある。ヘクソカズラの持つペデロシドが分解されても生じてくる。→**ペデロシド**

【ヤ行・ラ行】

葯（やく）　anther
雄しべの先端にある、花粉を入れている袋状の構造。

有性生殖（ゆうせいせいしょく）　sexual reproduction
雌と雄という性の存在のもとに、減数分裂、受精というステップを経る生殖法。有性生殖によって生まれた子は、遺伝子の組み合わせが親とは異なる。→**赤の女王仮説**

雄性先熟（ゆうせいせんじゅく）　protandry
両性花で雄しべが先に熟すること。雄蕊（ゆうずい）先熟ともいう。雄しべが先に成熟し、花粉を出してしなびた後、雌しべが成熟して花粉を受け取る。同花受粉を避ける仕組みである。逆の順序の場合は、雌性先熟という。→**雌性先熟**

葉枕（ようちん）　leaf cushion (pulvinus)
葉柄が枝につくところ、あるいは複葉の小葉が葉軸につくところにある、膨らんだ部分。ここの細胞が膨圧運動をすることにより、葉の開閉運動が起こる。

幼葉（ようよう）　juvenile leaf
異形葉をつける植物が、幼い生育段階のときにつける葉。

葉瘤（ようりゅう）　bacterial nodules
マンリョウと同属のカラタチバナの葉の鋸歯の間には小さなコブがある。これが「葉瘤」で、内部に窒素固定を行う共生バクテリアが棲んでいる。バクテリアは花を経て種子に受け渡され、次世代に受け継がれる。バクテリアの働きなど詳しいことはまだよく分かっていない。

落葉樹（らくようじゅ）　deciduous tree
一年のある時期には葉を落としている木。温帯には冬に葉を落とす落葉樹が多い。**↓常緑樹**

ランナウェイ　runaway
進化の過程で、花と送粉者のように密接な関係にある2者が、影響を及ぼしあって急速に特殊化していくこと。ランの距とスズメガの口の長さの例は有名。美しい鳥のフウチョウなどで、雌がより好みをすることによってオスの尾羽がどんどん長くなってしまうのもランナウェイの例である。

リコリン（りこりん）　lycorine
ヒガンバナ科のヒガンバナやスイセン、ハマユウなどに含まれるアルカロイドの一種。有毒で、誤って食べると腹痛、吐瀉を引き起こす。一方で去痰、鎮咳作用があり、薬用にもなる。

離層（りそう）　absciss layer
葉、花、果実などが成熟して植物体から離れ落ちる直前に植物体との間に形成されて、落葉や落果をスムーズに進行させる細胞層。

両性花（りょうせいか）　hermaphrodite flower
ひとつの花の中に雄しべと雌しべの双方を持つもの。

林床植物（りんしょうしょくぶつ）　forest understory plants
昼なお暗き林の下（林床）で生きる植物の総称。シダ類、常緑性草本や低木など、少ない光に耐えて節約型の生活をするタイプと、スプリング・エフェメラルのような短期決戦型のタイプがある。**↓スプリング・エフェメラル**

ロゼット　rosette
冬越しをする植物がとる生育形のひとつで、寒風に耐えるため茎を短くし、多数の葉を地表面にそって放射状に広げた姿。上から見るとバラの花弁状に見えるので、ロゼットという。タンポポ属などのように、ロゼットで冬越しをする植物をロゼット植物という。

瀧本敦（1979），『花ごよみ花時計』中央公論新社.
多田多恵子（2010），『身近な草木の実とタネハンドブック』文一総合出版.
多田多恵子・田中肇（2010），『増補改訂・大自然のふしぎ　植物の生態図鑑』学研教育出版.
多田多恵子（2008），『身近な植物に発見！　種子たちの知恵』NHK 出版.
舘野正樹（2014），『日本の樹木』筑摩書房.
田中肇（1993），『花に秘められたなぞを解くために：花生態学入門』農村文化社.
田中肇（1997），『花と昆虫がつくる自然』保育社.
田中肇（2001），『花と昆虫、不思議なだましあい発見記』講談社.
田中肇（2009），『昆虫の集まる花ハンドブック』文一総合出版.
中西弘樹（1994），『種子はひろがる：種子散布の生態学』平凡社.
南光重毅（1986），『朝に咲く花・夕に咲く花』誠文堂新光社.
日本化学会編（1992），『生物毒の世界』大日本図書.
沼田真編（1993），『生態の事典』東京堂出版.
沼田真編（1983），『生態学辞典』築地書館.
原嚢・福田泰二・西野栄正（1986），『植物観察入門：花・茎・葉・根』倍風館.
八杉龍一他編（1996），『岩波生物学辞典』岩波書店.
林弥栄監修（1989），『野に咲く花』山と溪谷社.
矢追義人（2011），『ミクロの自然探検：身近な植物に探る驚異のデザイン』文一総合出版.
矢原徹一（1995），『花の性：その進化を探る』東京大学出版会.
鷲谷いづみ（1998），『サクラソウの目』地人書館.
鷲谷いづみ（1996），『オオブタクサ、闘う：競争と適応の生態学』平凡社.
鷲谷いづみ・矢原徹一（1996），『保全生態学入門：遺伝子から景観まで生物多様性を守るために』文一総合出版.
鷲谷いづみ・森本信生（1993），『日本の帰化生物』保育社.
B.Meeuse & S.Morris（1984），The Sex Life of Flowers, Facts on File Publ.

主要参考文献

アゴスタ，ウイリアム（1997），『ヘッピリムシの屁：動植物の化学戦略』長野敬他訳，青土社．

朝日新聞社編（1997），『週刊百科・植物の世界１～145』朝日新聞社．

アッテンボロー，Ｄ（1998），『植物の私生活』門田裕一監訳，山と溪谷社．

畔上能力編・解説（1996），『山に咲く花』山と溪谷社．

いがりまさし（1996），『日本のスミレ』山と溪谷社．

糸川秀治（2001），『薬用植物へのいざない』裳華房．

岩槻邦男・加藤雅啓編（2000），『多様性の植物学』東京大学出版会．

上田恵介（1995），『花・鳥・虫のしがらみ進化論：「共進化」を考える』築地書館．

茂木透・高橋秀男・勝山輝夫他（2000），『樹に咲く花』１～３，山と溪谷社．

小倉謙（1962），『改著　植物解剖および形態学』養賢堂．

菊沢喜八郎（1995），『植物の繁殖生態学』蒼樹書房．

木村陽二郎監修（1996），『図説　花と樹の大事典』柏書房．

久保亮五他編（1987），『岩波理化学辞典』岩波書店．

河野昭一・田中肇編（1990-92），『フィールドウォッチング』１～８，北隆館．

河野昭一監修（2001），『植物の世界』１～４，ニュートンプレス．

佐竹義輔他編（1985），『日本の野生植物』平凡社．

大橋広好・門田裕一他編（2015），『改訂新版・日本の野生植物』１～５，平凡社．

沢正昭（1989），『共生の科学』研成社．

柴田桂太編（1949），『資源植物事典』北隆館．

下郡山正巳他編（1965），『最新・植物用語辞典』廣川書店．

深海浩（1992），『生物たちの不思議な物語：化学生態学外論』化学同人．

高林純示・西田律夫・山岡亮平（1995），『共進化の謎に迫る：化学の目で見る生態系』平凡社．

瀧本敦（1998），『花を咲かせるものは何か：花成ホルモンを求めて』中公新書．

ちくま文庫

したたかな植物たち
あの手この手の㊙大作戦　秋冬篇

二〇一九年十一月十日　第一刷発行

著　者　多田多恵子（ただ・たえこ）
発行者　喜入冬子
発行所　株式会社　筑摩書房
東京都台東区蔵前二―五―三　〒一一一―八七五五
電話番号　〇三―五六八七―二六〇一（代表）
装幀者　安野光雅
印刷所　凸版印刷株式会社
製本所　凸版印刷株式会社

ISBN978-4-480-43619-1　C0145